狼性生存法则

徐保平 关丽莹 著

光明日报出版社

图书在版编目（ＣＩＰ）数据

狼性生存法则 / 徐保平，关丽莹著 . —— 北京：光明日报出版社，2011.6
（2025.1 重印）

ISBN 978-7-5112-1132-3

Ⅰ . ①狼… Ⅱ . ①徐… ②关… Ⅲ . ①人生哲学—通俗读物 Ⅳ . ① B821-49

中国国家版本馆 CIP 数据核字 (2011) 第 066683 号

狼性生存法则

LANGXING SHENGCUN FAZE

著　　者：徐保平　关丽莹

责任编辑：李　娟　　　　　　　　　责任校对：文　蘖
封面设计：玥婷设计　　　　　　　　封面印制：曹　诤

出版发行：光明日报出版社
地　　址：北京市西城区永安路 106 号，100050
电　　话：010-63169890（咨询），010-63131930（邮购）
传　　真：010-63131930
网　　址：http://book.gmw.cn
E - mail：gmrbcbs@gmw.cn
法律顾问：北京市兰台律师事务所龚柳方律师

印　　刷：三河市嵩川印刷有限公司
装　　订：三河市嵩川印刷有限公司
本书如有破损、缺页、装订错误，请与本社联系调换，电话：010-63131930

开　　本：170mm × 240mm
字　　数：180 千字　　　　　　　　印　张：13
版　　次：2011 年 6 月第 1 版　　　印　次：2025 年 1 月第 4 次印刷
书　　号：ISBN 978-7-5112-1132-3

定　　价：45.00 元

前 言
PREFACE

没有猛虎的霸气，然而独立悬崖对月长嗥的气势却足以震慑天地；没有雄鹰矫健的身姿，但扑食时的腾空一跃又足以让对手魂飞魄散；没有狐狸的娇媚，然而在雪原中伴着飞雪奔腾的身影不能不令人赞叹；没有猎豹的专横，然而一盯上猎物就算要跟踪几天几夜也一定要置其于死地——这就是狼。看似漫不经心的随意里却保持着十二万分的警惕，绿色的双眸里永远透着孤独和骄傲……

狼这个种族曾经在我们这个美丽的星球上，在蓝天与绿草间纵横驰骋过，曾经在山川大地上演过一幕幕威武雄壮、荡气回肠的活剧。它们拥有造物主赋予它们的足以与人类试比高低的灵性与智慧，拥有上苍赋予它们的足以超过人类的忠诚与团结、坚韧与顽强以及宁死不屈的铮铮傲骨。为了生存，这个种族曾经顽强地与人类抗争过，不屈不挠地与大自然抗争过。

狼在动物界中并不是形体最大的动物，也不是奔跑最快的动物。它们并不是兽中之王，但是，为什么几百万年来草原上跑得最快的羚羊会怕狼呢？比狼大得多的马、牛也是闻狼丧胆呢？甚至连老虎都畏惧群狼？这怕的背后又隐藏着什么因素呢？是什么驱使狼以顽强的生命力与天斗、与地斗、与人斗，在生存环境越来越恶劣的情况下，仍然傲立于世？

究其原因，它们是以永不服输的心态，用战斗的精神、用团队合作的力量以及家族责任感演绎了一幕幕生存剧，令人深思，使人感慨。正是这种优良的品质使狼成了人类的兽祖、宗师、战神与楷模。狼的生存法则就是在恶劣的环境中顽强地创造生存空间；狼的团体

1

就是在充满争斗的对手中组成强大的团队力量；狼的智慧就是在强者之列不断竞争、超越。

在百万年的自然变迁中，狼之所以能够生存并成为兽族中最优秀的种族，是因为狼奉行自有的至高生存法则。从狼的生存法则中，我们不得不联想到人类自己。如今我们人类同样面临着狼族曾经面临的恶劣生存环境，在竞争愈演愈烈的今天，如何生存，如何胜出并发展壮大，是我们每一个人都必须直面和深思的问题。狼的生存法则对人类有着启发意义。

远古时代，我们的祖先靠采集野果和捕鱼狩猎为生，与狼及其他动物和睦地生活在一起。如今，人类的生活越来越丰富多彩，人却已不再知道自己是谁——我们不仅失去了在大自然中的位置，就是在社会中我们也失去了应有的位置和目的感。

然而，狼却知道自己是谁。它们因为相互依存而活，我们是多么渴望能够拥有它们这种须臾不忘自己本色的本能智慧。狼的智慧是强者的智慧，是成功的智慧。将狼的智慧、组织才能、不屈的尊严和家庭责任感与人类的强者相对应，我们可以看出人类的强者是怎样从激烈的竞争中脱颖而出的。

本书是将狼性生存法则与个人、企业及民族社会生存发展有机结合编写而成的一本全面实用的"宝典"，深度挖掘了狼性的精髓，同时又深刻剖析了狼性与人类生存发展的本质联系，为您带来了诸多的启示与思考，帮助您成为人生的强者，竞争的胜者！

目　录

第一篇　狼的铁血生存之道

第一章　适者生存，主宰环境 …………………………………… 3

认清生存环境 …………………………………………… 3

改变自己，适应环境 ……………………………………… 6

逆境中求生存 …………………………………………… 9

做主宰环境的强者 ……………………………………… 11

第二章　狼性坚韧，决不气馁 …………………………………… 14

顽强与坚韧 ……………………………………………… 14

钢铁般的意志 …………………………………………… 19

小不忍则乱大谋 ………………………………………… 23

不达目的誓不罢休 ……………………………………… 26

第三章　团结一心，合作制胜 …………………………………… 30

家族利益高于一切 ……………………………………… 30

群狼能败狮 ……………………………………………… 33

相互沟通，协同作战 …………………………………… 38

个体与团队的和谐 ……………………………………… 39

第四章　谋者生存，变中取胜 …………………………………… 43

变与不变之间 …………………………………………… 43

敌变狼亦变 ……………………………………………… 45

欲擒故纵，顺势而动 …………………………………… 49

狼智无双，知己知彼 …………………………………… 52

总结经验投入下次行动 ………………………………… 55

第二篇 职场强者生存的狼性法则

第一章 专注目标，精益求精 …………………………………… 61

目标是奋斗的动力 …………………………………………… 61

失去目标将失去一切 ………………………………………… 64

目标定位准确 ………………………………………………… 67

执着专注于你的目标 ………………………………………… 70

第二章 不断学习，发现机遇 …………………………………… 74

不停学习，立于不败之地 …………………………………… 74

成为一个学有所专的人 ……………………………………… 78

把握一切学习机会 …………………………………………… 82

一双巧手捕良机 ……………………………………………… 85

第三章 依靠团队，默契配合 …………………………………… 89

培养团队荣誉感 ……………………………………………… 89

消除误解，携手合作 ………………………………………… 92

各司其职，团队为家 ………………………………………… 96

选择不同的搭档 ……………………………………………… 99

第四章 打破常规，出奇制胜 …………………………………… 101

在变化中找到突破 …………………………………………… 101

学会"另辟蹊径" …………………………………………… 104

用方法攻破困难 ……………………………………………… 109

成功源于创新 ………………………………………………… 111

第五章 遵守纪律，绝对服从 …………………………………… 116

没有纪律，何以胜利 ………………………………………… 116

无条件服从上级 ……………………………………………… 118

百分百执行 …………………………………………………… 122

勇于承担责任 ………………………………………………… 124

第六章 忠诚品质，胜于能力 …………………………………… 130

绝不背叛 ……………………………………………………… 130

成为老板的忠诚助手 ………………………………………… 135

忠诚使人迈向成功 …………………………………………… 139

第七章　善于沟通，懂得交流……………………………142

沟通是成功之道 ……………………… 142

与老板有效沟通 ……………………… 144

沟通无障碍 …………………………… 147

第八章　注重细节，保证成功……………………………150

成也细节，败也细节 ………………… 150

职场交往的细节 ……………………… 153

细微之处蕴含机遇 …………………… 156

第三篇　企业发展壮大的狼阵策略

第一章　狼性企业，无往不胜……………………………163

企业呼唤狼性 ………………………… 163

残酷管理打造高效团队 ……………… 165

强大的团队精神 ……………………… 169

第二章　领导有方，铁军炼成……………………………173

具备头狼的高傲气质 ………………… 173

竞争——王者的残酷游戏 …………… 176

培养头狼般的决断力 ………………… 180

第三章　狼性管理，企业腾飞……………………………183

目标缔造企业神话 …………………… 183

铁的纪律不容打破 …………………… 186

主动抢得先机 ………………………… 188

第四章　企业竞争，策略为上……………………………192

积极进攻的战略 ……………………… 192

韬光养晦，伺机而动 ………………… 195

创新突破，持续成长 ………………… 196

第一篇
狼的铁血生存之道

　　在动物界，狼并不是自然界的宠儿，狼性生存法则却是自然界最本质的智慧精华，一切都是为了生存！作为小型食肉动物，狼族面对的或许是最艰难的生存环境，与天斗、与猎物斗、与大型食肉动物斗，甚至与同类斗。因此，它们形成了最本质、最赤裸裸的生存哲学，成为自然界生命力最旺盛的种族。

第一章

适者生存，主宰环境

对于严峻的生存环境，狼有着惊人的适应能力。由于狼适应外界环境的能力很强，使其不论在哪种环境中都能找到自己及种群的生存方法，所以狼可以生存于地球上的每一个角落，可以说狼是主宰环境的强者。只有主宰了环境，才能不被环境主宰，一旦被环境主宰，生存就会出现危机。

认清生存环境

狼是一种凶猛、顽强的动物，陆地上食物链终结者之一，历来为人类所不齿，成为心地狡诈、手段残忍的代名词。这实际上说明我们对狼是多么不了解。

在遥远的古代，人与狼曾经和谐而亲密地相处，狼曾经被人类视为朋友和兄弟，是一个部落的向导和守护神，有的则被视为图腾和标志。如古埃及的吕科波利斯——伟大哲人伯罗丁的故乡，现名阿西尤特，这个城市就是因为崇拜狼而成为有名的狼城。而古希腊神殿中的阿波罗圣坛，则是由一只青铜铸造的狼来守护着。罗马战神马尔斯·阿瑞斯更是将狼作为自己的标志，有时还披上狼皮使自己变成一只狼，正是由于他引诱了圣女雷娅·西尔维亚才导致了罗马的创立。罗马以后的恩怨缠结便与狼分不开了：雷娅·西尔维亚的两个孩子在台伯河的沼泽地遇难，一只母狼把兄弟俩救活并喂养他们长大。后来兄弟俩自相残杀，哥哥罗慕洛斯在母狼喂养过他的山上建立了自己的城市，从此，罗马便将狼奉为图腾。在整个罗马世界，直到今天还能随时看到那著名的狼的图案及标记。

按照斯拉夫人的传统说法，所有的圣徒都是热爱狼及别的野生动物的，否则他们怎么能去拯救人类呢？这些《圣经》上没有记载的传说，却都闪耀着宗教的光彩。比如，斯拉夫人认为，圣彼得是牧狼人，每年 1 月 17 日，他召集所有的狼，为它们分发一年的食物。圣乔治是野兽的庇护人，他总是有一群狼陪伴，告诉那些猎人：野兽是神的仆从，圣徒的朋友。

但是后来一切都改变了，从西方到东方，大灰狼的凶残故事几乎是在每一个孩子咿呀学语的时候，便被灌输到心灵中。所有对狼的描述无不带着邪恶的印记："狼狈为奸"、"狼心狗肺"、"狼子野心"等。而异于常规、性好渔色的男人，被人们称作"色狼"；对于阴险的伪善者，人们称他为"披着羊皮的狼"等。总之，一提到狼，人们就会不由自主地联想到残忍、血腥、凶狠、阴险、狡诈，仿佛自然界中没有比狼更可怕的动物了，狼被极端地丑化和妖魔化了，人们谈狼色变，恨不得将之赶尽杀绝而后快。

其实，狼的行为方式更能体现出其超凡的生存智慧。正是生存环境的残酷，才造就了狼的残忍与凶猛——否则，它就会像羊一样成为猛兽的美味。或者说，狼是自然界物竞天择留存下来的最善于生存的犬科动物。

在严峻的生存环境中，狼具有惊人的适应能力。狼驾驭环境变化的能力是世界上各种动物中最出色的，这或许正是它们适应性强的主要原因所在。

在北极，在严寒的冬季，在肆虐的暴风雪中，狼都能在露天里蜷缩成一团，用尾巴遮住面部安详地睡觉。狼的嗅觉功能也着实令人惊叹不已，在几千米之外，它们就能准确地确定猎物的方向和位置。

一次，我们凑巧观察到狼群围捕黄羊的场面。当时，黄羊正悠闲地啃着牧草，慢慢地移动着，吃饱的黄羊有的趴在草地上，有的在附近湖边饮水。这群黄羊还没有察觉到危险的存在，不知不觉地陷入狼群的包围圈中。五六只狼围成的半圆形，正一步一步地缩小。突然，一只年长的雄黄羊似乎发现了什么，撒腿就跑，奋力冲出包围圈。

对这一突如其来的情况，狼群好像早有准备，并不追赶，也没有改变队形。它们似乎知道湖边还有更多的黄羊，不能因小失大。果然，当狼群逼近湖边的时候，狼群的每个成员几乎在同一时刻突然朝黄羊群猛扑过去。这就如战争时发起的冲锋一样，井然有序，且行动一致、迅速。

羊儿们这时不知发生了什么，惊得四处逃窜。一部分羊飞奔着向草原深处逃命，一部分则向湖心跑去，它们的命运可想而知，不是沉入湖底，就是落入狼口，非常悲惨。

随着地球的演化，特别是人类对于动植物资源的过度索取和对自然环境的破坏，极大地改变了狼的生存环境和猎物对象。但不管是树林中的狍子、草原上的黄羊，还是凶猛的野牛、庞大的驼鹿，狼都能耐心地去寻找它们的弱点，最终捕获到所需的猎物。

在草原上，狼之所以成为自然界真正的主人，一个重要的原因是，草原狼极其善于长途奔袭。在辽阔的大草原上，无论是猎者，还是被猎者，如果没有超强的奔跑能力，要在草原上生存都是十分困难的事情。草原狼可能就是因为具备了这种能力，才大大提高了自己的战斗力，成为草原上最强大的"军事力量"，甚至可以将虎、豹、熊等个体更大的猛兽逐出草原。

动物的生存法则与人类一样，要想生存，就必须首先去顺应生存环境。如果生存环境很恶劣，只有不断地适应、改变环境，才能在越来越恶劣的生存环境下，得以繁衍。

狼在自然界中认清自己的生存环境而得以生存下来，那么，生活中，人类的强者只有正确认识自己的生存环境，才能找到自己的生存法则。

每一个降临到人世的人，都会遇到前人所创造的现成的社会环境。对于这种既成的事实，人们是无法选择的。人们面临的社会环境有大环境和小环境之分，社会大环境是指整个社会环境及其发展趋势、水平、性质和状态。在大环境范围内，不同时代、不同国家、不同地区的社会制度、生产力状况、社会结构的特点、科技的发展水平、教育事业的发达程度以及民族的特点、阶级的属性、传统和文明水平等等都会影响和制约着人的生存方式。　人离不开社会环境。

对人影响最大的就是社会小环境。社会小环境是指个人直接接触的生活范围，如家庭、学校、居住区、单位及社交活动的范围等。社会小环境对个人的影响是明显的，个人离不开社会小环境。在社会小环境内，家庭成员的思想、政治观点、道德、文化教育程度及经济生活水平，学校思想政治教育水平、教学质量、学风、校风、系风、班风的情况，单位的文明建设、科技教育、政策措施、人员的组成、物质条件、居住环境的风气以及个人接触的

社会成员等等，都在不同程度上直接或间接地影响着个人的一生，社会小环境对个人的影响集中表现在人的社会化过程中。

社会小环境对人的社会化有着巨大的影响，对人的个性发展也有着极为重大的影响。卡耐基认为，社会化对于个人来说，既是发展人的社会性的过程，也是完善人的个性的过程。人的个性是在社会化的过程中形成的。通过社会化，人们学习了基本的生活技能，养成了一定的生活习惯，接受了社会的生活目标和社会规范，确立了一定的世界观、人生观、价值观、理想、道德、情操。在社会化过程中，人们接触社会的各个方面，直接参与社会生活，逐渐地形成一定的兴趣、能力、性格。人的个性受先天因素、个人经历、家庭背景、学校教育等影响，同时也受社会大环境的影响。在人的继续社会化和强制教育的再社会化的过程中，社会大环境的影响更大一些，而社会小环境对人的个性的影响则更具体一些。

个人受社会小环境的影响和制约。但是个人也不是消极地受制于社会小环境，而是能动地反作用于小环境，这种能动作用较之个人对社会大环境的能动作用来得更大一些。一个人可以通过自己的言行去影响自己所在的居住区、学校、单位，可以用自己的思想品德去感染教育自己周围的社会成员，影响他人的人生。总之，人生活在社会小环境之中，每个人都是这个小环境中的主人，应当正确清醒地认识这个小环境。以主人的姿态去影响小环境，净化小环境，改变小环境。努力使自己所生活的社会小环境形成优良的风气，成为塑造美好人生的学校。

改变自己，适应环境

生活在地球上的狼群都有一种特殊的本领，在不同的季节，它们身上的皮毛会发生变化。这是若干万年以来，狼群适应自然环境的结果。

在日常生活中，狼的生活极有规律。北极狼每到凌晨2时许，都由"首领之妻"用嗥叫发出"起床"令。而其他的狼被唤醒后，则会低声回叫，相继站立起来，摇着尾巴，按长幼尊卑的顺序彼此亲吻互道"早安"。然后，"首领"

率众狼出去狩猎。狼之所以如此遵守纪律，实际上是为了适应北极恶劣的环境。

狼的机警、多疑和残忍，使它在各种恶劣的环境和条件下，总是能捕猎到食物，表现出极强的生命力和适应力。狼从不因富地而长久滞留，也不因贫地而弃置。狼族知道自己没有改变环境的能力，甚至连选择环境的权利都没有，它们坚定地奉行"随遇而安"的哲学，永远适应越来越严酷的生存环境。狼族适应了地球上几乎所有的自然环境，也适应了人类的陷阱、毒药和子弹。

当今社会，充满了残酷的竞争，有时困境会让你陷入进退两难的境地：或者争强斗狠，勇往直前；或者忍气吞声，逆来顺受，这两种选择其实就意味着你选择做强者还是做弱者，意味着你选择成功还是失败。这时候，狼的生活方式和行为规范就很值得我们学习和借鉴了。

从狼身上，我们可以得到这样的启发：在日新月异的时代，只有学会改变自己，放开眼光与胸襟，才能够顺应不断变换的社会环境，才能在激烈的社会竞争中立于不败之地。

生活不可能静如止水，我们时时都会面对各种变故。生活也不可能总是一帆风顺、一马平川，我们也会遭遇失败和挫折，生活中也会碰到厄运和灾祸。所以，当我们的生活出现变故时，当我们的生活遭遇失败和挫折时，当我们的生活降临厄运和灾祸时，我们面对的首要问题便是：学会适应。

一只虎皮鹦鹉飞出笼子逃走了。能够重新获得自由本是件好事，但是十多天后，人们在森林里发现了它的尸体，在果实累累的林子里竟会有鸟饿死！用看林老人的话讲："家养的鸟儿，用不着找吃找喝，慢慢地会失去寻食的本领，一旦飞出笼子，难免饿死。"这便是物竞天择、适者生存的道理。

与别的生命相比，人类能如此"高级"，就是由于人类更能适应环境的变化。只有培养自己适应环境的能力，才能在以后的道路上坦然面对艰辛和苦难，使自己出类拔萃。

特别是在这个竞争日趋激烈的社会中，人们的意识、追求、精神状况、人与人之间的关系都会成为影响自身发展的因素。因此，我们必须学会适应：适应自己所处的环境、适应我们所面对的压力和竞争。否则，我们只能被社会所淘汰。

达尔文曾说过："能够生存下来的并不是那些最强壮的，也不是那些最聪明的，而是那些对变化做出快速反应的。"即使在人类社会也同样逃不出

优胜劣汰，适者生存的原则。

的确，物竞天择，适者生存，只有适应环境，跟上时代的潮流，才不会被时代所淘汰。也正是在不断的适应中，我们咀嚼了酸甜苦辣，遍尝了人生百味，饱览了人生风景，体验了成功喜悦，从而充实了人生的内涵，丰富了生命的色彩。

以下是几条在多变的环境里生存的必备法则：

（1）抛开原有旧包袱

如果过去那一套已经行不通了，就快点丢掉吧！到新世界中去寻找你的春天。想象新的人生对你的好处：你的行为、技能将因此增进；你会更有竞争力；人际关系也会变得更好。

（2）采取行动

与其悲叹："这件事竟然发生在我身上。"不如换个想法："这是一个可以尝试新事物的大好机会。"即使新的方法行不通，再试试别的。尽量尝试所有可能的方法，总会找到解决问题的办法。

（3）懂得应变

不要墨守成规，但也不要沉溺于行不通的新方法中。不断地实践，然后从错误中学习。今日的失败，往往是明日成功的契机。

（4）不要轻易放弃

一时的停滞不前并不是失败，只是暂时休息，放慢脚步而已。把它们视为另一阶段的开始，而非结束。

（5）保持开放的胸襟

我们不需要将所有新的事物照单全收，但也别因为新事物与众不同，就加以拒绝。不要先给新事物任何价值判断，试试看再决定。

（6）要有耐心

新事物的成长、完善需要时间，研究表明，要打破旧习惯，养成新习惯，平均需要 3 个星期的时间。在这段时间内要耐心等待。

（7）积极寻求协助

因为你对新事物不熟悉，可能无法在书上找到需要的资讯，所以，开口问人吧！就算找不到预期的解答，也可从中获得新的思考点，或许还可因此找到你所要的解决方案。

（8）强调正向、积极的态度

凡事都以正向、积极的态度面对，了解自己的优点，改善缺点，并奖励自己的成就。

很多人都能够意识到人生需要不断改变自己，但是，往往总是抱怨没有机会改变，把那些成功的人归结为机会好、运气好。殊不知我们每个人都有改变自己的机会和运气，没有主动地去抓机会，就与成功擦肩而过。如果我们有能力、有办法来改变自己，而不去寻找机会和抓住机会，那么只能遗恨万年。我们生活的环境如果能够适合我们能力和欲望的发展需要，则是最为难能可贵的。如果不能适应，我们应该怎么办？每个人都知道我们的生存须臾离不开环境，随着环境的变化，我们必须随时调整自己的观念、思想、行为及目标。

其实，能否顺应环境、主宰环境，关键在于你是否想改变自己，在于你是否有包容开放的心态和精神。

逆境中求生存

狼的一生是充满艰辛的。在野外，一只狼能够存活 13 年，但大部分狼只有 9 年左右的寿命。然而，动物园里的狼，其寿命通常都会超过 15 年。显而易见，狼群在野外的生活肯定是万分艰辛，并且处处充满凶险。

生活在野外，狼就必须相互争夺食物和领地，因为狼群只能在自己的领地内进行生活、捕猎，领地的大小根据它们捕食对象的多少而有很大变化。这种情况取决于这个地区的猎物数量。在猎物分布较密集的地方，狼不必奔袭很远便可获得一顿美餐。在较荒凉的栖息地，由于只有少量的猎物存在，狼则需要跑很远的路才能猎得食物。

在狼的世界里，"适者生存"的大自然法则持续运行着，如同最虚弱的美洲驯鹿为狼所捕获一样，最虚弱的狼也会消失。狼的生存主要是依托在战胜对手、吃掉对手的方式上，否则会饿死。而捕猎是危险的，狼在捕获猎物的时候，常常会遇到猎物的拼死抵抗，一些大型猎物有时还会伤及狼的生命。

研究表明，狼捕猎的成功率只有 7%～10%。

一旦捕猎成功，狼还必须警惕其他想不劳而获的动物的袭击。这些动物还经常袭击、捕杀狼的幼崽。狼必须时刻警惕来自不同方面的侵袭。最后，狼还必须与人类抗争，人类无疑是狼繁衍生存的最大威胁。正是在这种险恶的环境中，塑造了狼族凶残的野性，才使得狼族能够战胜对手，在逆境中生存下来，成为陆地上食物链的最高单位之一。

狼是以刚强和凶悍著称的动物。许多老猎人都说狼是老树根做的神经、花岗石雕刻的骨肉，以此来形容狼坚韧不拔的意志。说起狼，人们都不会太舒服，荒野上那凄厉的长啸、黑夜中绿荧荧凶恶的目光，即使不至于毛骨悚然，也会让人脊背有些发凉。狼不像人那样娇嫩，也不像羊那样脆弱。假如一只狼被捕兽器夹住了后腿，它宁可咬掉后腿也要逃生。狼可以用三条腿走路，也可以用三条腿奔跑。狼撒尿时会跷起一条腿来，其实就是对跛脚生活的一种演练。快速奔跑时，四条狼腿里也总有一条闲置不用，靠三条腿奔跑，这也是一种防患于未然的措施。狮虎熊豹这样的猛兽一旦断了一条腿，就会走路趔趄，严重影响狩猎的速度。在这方面，它们若与狼相比则差远了。

靠三条腿行走的本领，既非老天爷的特殊照顾，也不是造物主的慷慨恩赐，而是在严酷的丛林生活压力下磨炼出来的一种生存技巧。

下面让我们再来看一幅让人惊心动魄的场面。这是马尔科夫向我们讲述的一个故事。

在一个寒冷的冬天，他在打猎时，遇到了一只狼。这只狼有将近两米长，非常健壮。可惜马尔科夫的猎枪没有瞄准，只打到了狼的右后腿，但狼还是瘸着这条腿逃跑了。于是，马尔科夫骑上马去追赶这只受伤的狼。跑了一段时间，受伤的腿成了狼前进的阻碍，狼拼命地向前跃了几下，和马尔科夫的距离拉大了些。狼利用了这个机会，回过头去撕咬自己受伤的右后腿，几下就把那条腿咬断了。马尔科夫利用这段时间缩短了和狼之间的距离，他清楚地看见了所发生的一切。他当时完全被吓傻了，他的马也一动不动，静静地看着狼，看着狼拖着血迹逃跑了。

对于人类来说，逆境是产生强者的土壤。但在生活中，有很多人只会抱怨环境的恶劣，把逆境当成魔鬼，从不知道如何从逆境中奋起，不知道只有逆境才能磨炼出强者。

逆境是磨炼我们意志的"磨刀石"，因此当我们面对逆境时，绝不能放弃。

学会在逆境中求生存，要在那些歧视的目光里找回你做人的尊严。受到压抑才知道奋战，这样的抗争才有力量。

学会生存，就必须体验逆境给你的痛苦。痛苦越强烈，生存的热望就越高，就越能使你找到生存的法宝。

逆境是一道人生亮丽的风景，我们只有在饱经苦难的风雨打击后，才能见到它璀璨夺目的光彩。

逆境是迸发灵感的地带，你的愤怒会激活你的智慧，所以你要坚守住逆境的防线，承受逆境的打击，学会在逆境中发掘生存的宝藏。

做主宰环境的强者

狼群中有最上层的阿尔法狼与最底层的奥美佳狼，后者通常是雄狼，而且经常是族群中个子最小的族群，经常被高级别的同族所虐待的这些年轻的成员，在任何方面都被放在最后一个，特别是吃东西的时候。

一个奇怪的现象常出现在这个行为上，当底层的狼存活时，它们会变成非常严苛的生物，它们开始给予得非常少，就如同它们得到的一样。在一段时间之后，底层的狼总是在结束冒险并证明自己的生存能力之后，就会成为众所周知的"孤独之狼"，这些"孤独之狼"最终都会参与其他族群，开始经营它们自己的族群。

狼改变不了环境，就想尽一切办法主宰环境。在狼族中，这只最为弱小、地位最低的狼总是被置于最后的位置，但如果它能够存活下来，往往能成为一只优秀的狼，它最终成为头狼的概率也比较大。因为这种严酷的生存环境使它经历了更大的磨砺，使它积累了更为完善的生存技能。人也是一样，不能甘做境遇的牺牲品。而要顽强地生存下去，成为主宰环境的强者。

在一次记者招待会上，一名记者问美国副总统威尔逊，贫穷是什么滋味时，这位副总统讲述了一段他自己的故事：

我在 10 岁时就离开了家，当了 11 年的学徒工，每年可以接受一个月的学校教育，最后，在 11 年的艰辛工作之后，我得到了 1 头牛和 6 只绵羊作为报酬。我把它们换成了 84 个美元。从出生一直到 21 岁那年为止，我从来没有在娱乐上花过一个美元，每个美分都是经过精心算计的。我完全知道拖着疲惫的脚步在漫无尽头的盘山路上行走是什么样的痛苦感觉，我不得不请求我的同伴们丢下我先走。在我 21 岁生日之后的第一个月，我带着一队人马进入了人迹罕至的大森林里，去采伐那里的大圆木。每天，我都是在天际的第一抹曙光出现之前起床，然后就一直辛勤地工作到天黑后星星探出头来为止。在一个月夜以继日的辛劳努力之后，我获得了 6 个美元作为报酬，当时在我看来这可真是一个大数目啊！每个美元在我眼里都跟晚上那又大又圆、银光四溢的月亮一样。

在这样的穷途困境中，威尔逊先生下决心，不让任何一个发展自我、提升自我的机会溜走。很少有人能像他一样深刻地理解闲暇时光的价值。在 21 岁之前，威尔逊已经设法读了 1000 本好书——想想看，对一个农场里的孩子，这是多么艰巨的任务啊！

贫穷困苦的环境并不能磨灭一个人奋发求知的信念，利用自己手中所有的资源，不放弃任何一次积累，终将有一天，你会通过自身的不懈努力挣脱环境的枷锁，成为主宰环境乃至人生的强者。

顺利的环境固然好，它可以助你毫不费力地到达自己理想的彼岸，但如果一个人处于不利于发展的环境中怎么办？只有秉着信念之灯运用智慧去努力改变环境，从而最终到达阳光地带。

有时环境的发展，与我们的事业目标、欲望、兴趣、爱好等发展是不合拍的，环境有时阻碍、限制我们欲望和能力的发展。这个时候，如果我们有办法来改变环境，使之适合我们能力和欲望的发展需要，则是最难能可贵的。

一般来说，一个人只能适应环境、顺应环境，但是，在一定情况下环境也是可以改变的。当然，改变环境需要许多条件，但最重要的是你的信念与智慧，这二者其实也是相辅相成的，有了改变环境的决心，肯定能够想出改变的好办法。既然环境可以改变，机会也就可以创造。每个人都可以如威尔逊一样，根据自己所处的环境特点，来寻求发展自己的机会。

现代社会是竞争的社会，人人都眼盯着机遇，要想获得机遇的光顾也是很困难的了。所以，在很多情况下，我们必须努力去创造机遇，改变不利于自己发展的环境。

但现实生活中，很多人却不是这样做的，他们不是去努力寻找可以改变环境的机遇，而是消极地认为，这一切都是不可改变的。这样就把自己逼到了死角，想有所作为也是绝对不可能的了。

很多时候，恶劣的环境会像恶魔一样缠绕在你身边，引起你的恐慌。但是只有一种恐慌心理是没有用的，对于那些成功者而言，他们通常是能够主宰环境的强者。

人类有许多潜能除非遭到巨大的打击和刺激，否则是永远不会显露出来，永远不会爆发的。这种神秘的力量深藏在人体的最深层，非一般的刺激所能激发，但是每当人们身处恶劣的环境中，在极其苛刻的生存条件下，那些追求成功的人就会努力奋起，改变自己的处境，成为主宰环境的强者。

处在绝望境地的奋斗，最能启发人潜伏着的内在力量，没有这种与环境抗争的奋斗，便永不会发现真正的力量和强项。如果林肯是生长在一个庄园里，进过大学，他也许永远不会做到美国总统，也永远不会成为历史上的伟人。因为如果一个人处在安逸舒适的环境中，便不需要自己的努力奋斗。林肯之所以这般伟大，是因为他不断地与环境奋斗着。而我们如欲成就成功人生，同样需要有与环境抗争、主宰环境的勇气，

第二章

狼性坚韧，决不气馁

虽然狼群 10 次狩猎中只有 1 次是成功的。而这一次的成功，却事关整个狼群的存续。大致说来，狼群经常是处于饥饿状态的，它们对此的反应不是无精打采，放弃努力，而是再次努力，继续寻食。从狼身上我们学到，此时的失败正是再次狩猎的开始。

狼群面对挫败决不会倦怠、屈服或沮丧。它们不会像人类一样，表现出忧虑、郁郁寡欢，狼群总是整装待发，投入到眼前的任务中。他们继续使用经过时间磨炼的狩猎技巧，检讨挫败的原因，并利用从中得到的教训，拟定新的计划与蓝图，且深信成功终将来临。

顽强与坚韧

在"优胜劣汰，适者生存"的自然法则支配下，许多动物都因无法适应环境而纷纷从这个地球上消失。人类曾对狼群进行大规模的屠杀，尽管如此，狼却凭着自身特有的坚韧与顽强精神，在这个地球上存活了几百万年。这不得不说是一个惊人的奇迹。

如今，越来越多的物种濒临灭绝，越来越多的动物被列入"国家级保护"的行列，而狼却没有弱小到要靠人类的保护才能继续生存下去的地步。狼群的数量虽然一直在减少，但在辽阔的草原上、潮湿的热带雨林中、干燥的沙漠里、寒冷的北极都有狼群的存在。这是其他任何动物都无法与之相比的！可见，狼是一种多么顽强坚韧的动物啊！

从身体状况上看，狼在食肉动物中没有丝毫优于其他动物的地方。它没有猎豹闪电般的速度，也没有老虎和狮子那样庞大的身躯，即使是它唯一的武器——锋利的牙齿，也是绝大部分食肉动物都具有的。

狼是不冬眠的动物，不会像其他动物那样在巢穴中贮藏足够的食物。因此，在漫长而寒冷的冬季到来时，它们就必须四处寻找食物。这是对狼群的最大考验，它们的捕食对象，有很多都躲在温暖的洞穴中沉睡，即使是不冬眠的动物，也在洞穴里储存了足够的食物，轻易不到洞外出没。因此，狼在捕食猎物时就很难发现目标。

每到冬季，草原上的狼群就会因恶劣的自然条件而被淘汰一部分，但这样可在无形之中使狼群优化了。经过严寒的考验，生存下来的狼群有着比原来更顽强和坚韧的生命力。

狼在猎取食物的时候，猎物会拼死抵抗，一些大型猎物有时还会伤及狼的生命。但只要狼锁定目标，不管跑多远的路程，耗费多长时间，冒多大的风险，它都不会放弃的，捕不到猎物绝不罢休。

狼能够很好地认清自己的生存环境，它们知道自己不够强大，知道对手异常凶狠，知道狂风暴雨、冰雪严寒时常侵袭栖身之所，这样，不论在什么地方生存，都摆脱不掉恶劣环境的影响。

狼已经认识到，自然规律是无法改变的，要想使自己适应环境，必须以"顽强"与"坚韧"武装全身，勇于向恶劣的环境挑战，并最终战胜它。这是最基本的生存需要。

坚韧可以使狼族在严酷的环境中世代延续，也可以使人迈向成功的目标。

坚持，坚持，再坚持，是实现目标的必要心志，成功往往就在于再坚持一下的努力之中。

日本的名人市村清池在青年时代担任富国人寿熊本分公司的推销员，每天到处奔波拜访，可是连一张合约都没签成。因为保险在当时是很不受欢迎的一种行业。

在 68 天内，他一份契约也没签成，保险业又没有固定薪水，只有少数的车马费，就算他想节约一点过日子，仍连最基本的生活费都没有。到了最后，已经心灰意冷的市村清池就同太太商量准备连夜赶回东京，不再继续拉保险了。此时他的妻子却含泪对他说："一个星期，只要再努力一个星期看看，如果真不行的话……"

第二天，他又重新打起精神到某位校长家拜访，这次终于成功了。后来有一次在他描述当时情形说："我在按铃之际所以提不起勇气的原因是，已经来过七八次了，对方觉得很不耐烦，这次再打扰人家一定没有好脸色看。哪知道对方那个时候已准备投保了，可以说只差一张契约还没签而已。假如在那一刻我就这样过门不入，我想那张契约也就签不到了。"

在签了那张契约之后，又接二连三有不少契约接踵而来，而且投保的人也和以前完全不相同，都是主动表示愿意投保，许多人的自愿投保给他带来无比的勇气与精神，在一月之内他的业绩就使他一跃而成为富国人寿的佼佼者。

也许你不比别人聪明，也许你有某种缺陷，但你却不一定不如别人成功，只要你多一份坚持，多一份忍耐。

大家都曾熟知这样一则寓言：

两只青蛙觅食时，不小心掉进了路边一只牛奶罐里，牛奶罐里还有为数不多的牛奶，但是足以让青蛙们体验到什么叫灭顶之灾。

一只青蛙想：完了，完了，全完了，这么高的一只牛奶罐啊，我是永远也出不去了。于是，它很快就沉了下去。

另一只青蛙在看见同伴沉没于牛奶中时，并没有一任自己沮丧、放弃，而是不断告诫自己："上帝给了我坚强的意志和发达的肌肉，我一定能够跳出去。"它每时每刻都在鼓起勇气，鼓足力量，一次又一次奋起、跳跃——生命的力量与美展现在它每一次搏击与奋斗里。

不知过了多久，它突然发现脚下黏稠的牛奶变得坚实起来。原来，它的反复践踏和跳动，已经使液状的牛奶变成了一块奶酪！不懈的奋斗和挣扎终于换来了自由的那一刻。它从牛奶罐里轻松地跳了出来，重新回到绿色的池塘里，而那一只沉没的青蛙就那样留在了那块奶酪里，它做梦都没有想到会有机会逃离险境。

可以说，坚韧是解决一切困难的钥匙，试问诸事百业，有谁可以不经坚韧的努力而获成功的呢？

坚韧可以使柔弱的女子能养家糊口；使穷苦的孩子努力奋斗，最终找到生活的出路；使一些残疾人，也能够靠着自己的辛劳，养活他们年老体弱的父母。除此之外，如山洞的开凿、桥梁的建筑、铁道的铺设，没有不是靠着坚韧而成就的。人类历史上最大的功绩之一——美洲新大陆的发现，也要归功于开拓者的坚韧。

在世界上，没有别的东西可以替代坚韧，教育不能替代，父辈的遗产和有力者的垂青也不能替代，而运气则更不能替代。

秉性坚韧，是成大事、立大业者的特征。这些人能够获得巨大的事业成就，可以没有其他卓越品质的辅助，但绝不能没有坚韧这种性格。从事苦力者不厌恶劳动，终日劳碌者不觉得疲倦，生活困难者不感到沮丧的原因都是由于这些人具有坚韧的品质。

依靠坚韧为资本而终成大事的年轻人，比以金钱为资本得成大事的人要更难能可贵，更值得人们尊重。人类历史上全部成大事者的故事都说明：坚韧是克服贫穷的最好药方。

已过世的克雷吉夫人说过："美国人成大事的秘诀，就在于敢直面人生中的困难。他们在事业上竭尽全力，毫不顾及失败，即使失败了也会卷土重来，并立下比以前更坚韧的决心，努力奋斗直至成就大事。"

坚韧勇敢，是成功人物的特征。没有坚韧勇敢品质的人，不敢抓住机会，不敢冒险，他们一遇困难，便会自动退缩，一获小小成就，便感到满足，这样的人成就不了大事业。

通往成功的路通常都是艰巨的，如果成功轻而易举，那么，每个人都唾手可得了。欧洲一位足球裁判员回忆说：当他在参加新英格兰爱国者队对抗洛杉矶奇袭者队的比赛中，他没有一天不想放弃不干了，因为这条路实在太艰苦，牺牲又太大了。当然，他并没有辞退工作，他愿意付出这些代价，因为他决心要获得成功。高尚坚毅的人决不轻言退却，竞争只会刺激他们，而障碍只能增强他们成功的决心。

生活中的苦涩，曾使人失望流泪；漫漫岁月的辛苦挣扎，曾催人衰老，但由于忍耐，由于奋斗，也由于不断地向上仰望，我们的生命也才会因坚韧而战胜所有的忧患与磨难。

当有一天，我们一生的剧目终于要落下帷幕，我们想要表达的，终究不是那些功名，而是内心的感受和那些曾经深深触动我们的细节。我们经历的种种外在的打击也好，磨炼也好，机遇也好，最终都将化为我们内心百折不挠的意志，不断地去抵达，不断地超越自我，直到有一天，它和我们本身合二为一，成为一颗种子——一颗坚韧的种子，那顽强坚韧的种子，并没有因为自己的瘦弱、渺小而退缩，它只是拼命地钻、拼命地挺，要在困境中求生。最后，就这样长成了一棵挺拔的参天大树。

说到底，顽强坚韧是一种意识状态，对于我们的生活以及生存都是很重要的。顽强、坚韧的意识状态也是可以培养的。下面，就看看如何培养坚韧的心态：

（1）欲望。在强烈欲望的推动下，很容易获得以及维持坚韧毅力。

（2）明确的目标。一个人知道自己想要什么，这是发展坚韧毅力的第一步。也许，是最重要的一步。这是克服许多困难的重大力量之一。

（3）明确的计划。策划周详的计划，即使这些计划薄弱而且完全不切实际，也能鼓舞培养出坚韧毅力。

（4）正确认识。认识到自己的计划是根据经验或观察而来，而且是正确的，这可以鼓舞人们培养出坚韧毅力；没有正确的了解，而只是胡乱猜测，这会破坏一个人的毅力。

（5）意志力。把个人的思想集中在拟订计划，以实现一项明确的目标上，这会鼓舞一个人培养出坚韧毅力。

（6）合作。同情、谅解以及和谐的合作，能够协助发展坚韧毅力。

（7）自信。相信自己有实现某项计划的能力，能够鼓励一个人以坚韧毅力从头到尾完成这项计划。

（8）习惯。坚韧毅力是习惯造成的直接结果，人类的意识会吸收每天所获得的生活经验，并使自己成为这种经验的一部分。恐惧是所有敌人中最可怕的一种，但只要强迫自己每天重复从事一些勇敢的行为，就能克服恐惧。

成就大事的人往往都具有顽强坚韧的品质，他们的坚持使其克服成功路上种种困难与艰辛，最终到达胜利的彼岸。

钢铁般的意志

在地球上，狼的生存环境和生存状况已经十分恶劣，但狼还是坚强地活了下来。钢铁般的意志是狼的一种优势，但何尝不是成功者的一种天赋的本性呢？今天的社会中，幸运儿实在是凤毛麟角。生存已不容易，成功更是难乎其难。而有了狼一般的刚毅与坚强，像狼一样面对任何困难、任何挑战，永不屈服，这样的人怎么会不成功呢？

一只狼连同它捕获来的猎物落入了猎人设置的陷阱里，在凄惨地嚎叫了一阵之后，它意识到，再呼唤非但招不来帮助，说不定还会把猎人和猎犬招来，一切只有靠自己了。

这只狼休息了一会儿之后，开始从阱壁上进行挖掘，它要干的是一项大工程：在阱壁上扒出一条稍稍倾斜的斜坡，就可以跳出来。幸亏陷住的是狼，若是别的野兽，恐怕这会儿早就因为绝望的嚎叫而招来死亡。

狼扒着、挖着，用头拱，用全身每一个可以救命的动作在自救着。和巨大的陷阱相比，狼显得是那么的渺小，然而狼拥有不屈不挠的斗志，它明白：挖一点儿就少一点儿，爪子折了，头破了，皮毛被蹭得流血了，狼仍在继续挖着，陷阱虽然能困住狼的身体，却困不住狼的斗志。

经过了一个昼夜的拼死挣扎，一只血肉模糊、伤痕累累的狼走出了陷阱，它用坚强换回了自由，它用不屈重获了生命。步履踉跄的狼在阳光刺破林海的那一刻，仰天长啸，像是在向上苍示威。狼重获自由，重新回到了家族中，不但如此，它甚至连猎物都没有丢下。

狼能够生存至今，缘于狼钢铁般坚强的意志。人若要战胜生活中的苦难，也要具有像狼一样的坚毅性格。

心理学家已经发现：所谓意志，它既不是筋肉的一种，也不是心灵上分得开的一种能力，它只是我们用来达到生活目的的工具之一。每一个人都有意志力，因为每一个人要达到无论哪一种生活的目的，都需要意志力。

有许多人，他们知道忍耐痛苦的方法，能够应付困难，能够不为不健康

的享乐所引诱。这样的人，就是被称为意志坚强的人，他们比起所谓意志薄弱的人来，定然是更有才能的。至于那些所谓意志薄弱的人是怎样的呢？他们知道不酗酒是有益健康的，可是他们不能抵抗含有酒精的饮料，他们对于正轨的生活不能专心从事；应当专心实际工作的时候，他们却在梦想着别的渺茫的事。总之，他们在生活上，没有确定的目标。

使人意志坚强的是什么？使人意志薄弱的又是什么？意志是先天的遗传呢，还是后天得来的？为什么意志薄弱的人，费去了光阴，订好了良好的计划，却不去实行，而意志坚强的人，只要下定决心，就必能使工作做得很好呢？

一个成功的人，他应该具备坚韧不拔、勇往直前的优秀品质，在失败面前，不畏惧、不退缩。他会用坚强的意志去抗拒任何给予他的失败，从而成功实现自己的人生目标。

诚然，遇到失败和不幸，这无疑是极大的损失。既然损失已经发生，就要想方设法弥补损失，把损失降到最低的限度，同时要设法"堤内损失堤外补"，这也是一种反败为胜的方法。而要做到这一点，就需要极大的毅力。尤其是对那些身处逆境的人来说，坚忍不拔的恒心和毅力是至关重要的。

一个人在年纪轻轻的时候就双目失明，这无疑是人生的重大打击，这样一个人要取得人生的价值和成功，无疑需要付出比常人更大的努力。张成就是这样一个成功者，据报载：

张成是个年仅21岁的盲人按摩医师，他为何个人出资办盲人按摩医训学校呢？

张成永远不会忘记，1990年11月15日，在桥西区一中上初二的他，听老师讲课时，忽然黑板变得模糊不清，眼前发黑，面前的老师、同学也摇晃起来，经医生诊断结论是：视网膜脱落，永久性失明。

"身体残废了，人心不能残废。眼瞎了，我还有两只手，要用双手沟通与世界的联系，用双手创造自己的生活，实现人生的目标。"张成鼓起了生活的勇气。1991年8月，张成经过一番努力，考入河北省盲人按摩学校。

张成求学的路依然是坎坷曲折的。盲文就是首先面临的拦路虎。在急训盲文的3个月里，他除了与别的同学一道听课外，每天早晨5点，天刚蒙蒙亮，就独自悄悄起床到操场上练认读；晚上10点钟熄灯后，还在被窝里摸认，大拇指、二拇指和中指都磨出了血泡。经过奋力拼搏，3个月下来，他不但学会了别人从小学到初中8年的盲文课，还在考试中名列全班第一。

对张成来说，这仅仅是开始，更艰难的事还在后头。练俯卧撑、单双杠、吊环，每天按要求需做300个，这个要求难度有多大，人们可想而知。不少同学都坚持不下来，半路退学，张成却硬坚持。开始胳膊和后背疼痛得夜里睡不着，他咬着牙撑着，学针灸，在自己身上试针，胳膊、腿上都扎出了血，他含泪坚持着；学按摩手法，在骄阳似火的6月天练，几次晒得昏倒，爬起来继续练；学解剖，用手去摸骷髅，去摸死尸，多次夜里在噩梦中惊醒……功夫不负有心人，凭着坚韧和执着，克服了一个又一个常人难以想象的困难，张成终于以优异的成绩毕业。

1994年9月，经过一番筹措，在亲朋好友的帮助下，张成的中医按摩诊所开业了。

能用自己的双手，为病人解除痛苦，为他人做点事，使张成重新感到世界的美好、人生的可贵。此时的他，兴奋溢满心里。他用无比坚强的毅力，重新点燃了生命之火。

篮球教练努德·洛肯说："当处境困顿多难时，意志刚强者愈挫愈勇。"在坎坷的路途上，坚强勇敢的人抓得住机会，他们战胜了，他们存活下来了，他们就出人头地！

天下每一个人都要经历磨难，我们不应该被磨难压弯了脊柱，而应做一个把苦难打倒的坚毅之人。看一看下面这个人他经过的磨难吧。

4岁时由于患上了麻疹和可怕的昏厥症，使他险些丧命；儿童时期，曾经患上严重肺炎；中年时口腔疾病严重，口舌糜烂，满口疮痍，只好拔掉所有牙齿，紧接着又染上了可怕的眼疾，他几乎不能够凭视觉行走；50岁后，相继发作的关节炎、肠道炎、喉结核等多种疾病吞噬着他的肌体；后来，他完全不能发出声音。只能由儿子凭他的口型翻译他的思想，在他57岁那年，他离开了人世。

他从4岁时便开始与苦难为伍，直到死时依然没能摆脱困难的纠缠，但是苦难并没有使他低头，相反，他却在苦难中脱颖而出，他是怎么做的？他最终得到了什么？下面看看他是怎样做的。

　　他长期闭门不出，把自己禁闭起来，疯狂地每天练 10 个小时琴，忘记了饥饿与死亡。在 13 岁时，他过着流浪者的生活，开始周游各地，除了身上的一把琴，他便是一无所有。同时，他坚持学习作曲与指挥艺术，投入了巨大的精力，创做出了《随想曲》、《无穷动》、《女妖舞》和 6 部小提琴协奏曲及许多吉他演奏曲。

　　15 岁时，他成功举办了一次举世震惊的音乐会，使他一举成名。他的名声传遍英、法、德、意、奥、捷等很多国家。

　　帕尔马首席提琴家罗拉听到了他的演奏惊异得从病床上跳下来，木然而立。维也纳一位听到他的琴声的人，以为是一支乐团在演奏，当得知台上是他一人的独奏时，便大叫"他是一个魔鬼"，匆匆逃走。卢卡共和国宣布他为首席小提琴家。他就是世界超级小提琴家帕格尼尼，苦难没有打倒他，相反，他在苦难中成长为音乐界巨人。

　　有人说苦难是一笔财富，对于在苦难面前一筹莫展、只会叹息的人来说，苦难的海是没有边界的，而对于那些勇敢地战胜苦难的人来说它才能成为财富。

　　凭借无坚不摧的坚强毅力而做成事业是神奇的。当一切力量都已逃避了、一切才能宣告失败时，忍耐力却依然坚守阵地，依靠忍耐力，终能克服许多困难，甚至最后做成许多原本已经失望的事情。

　　许多人面对自己的缺陷，安于现状，不再前行，而坚毅的人会在自身的缺陷中找到希望；人人都因感到绝望而放弃的信仰，只有富有忍耐力的人才会坚持着，继续为自己的意见辩护。所以，具有这种卓越品质的人，最可能获得很大的收益、很好的声誉。

　　一个慈祥、和蔼、诚恳和乐观的人，再加上富有的卓越品质，实在是非常幸运的。那么世界终将为他打开出路。而那些意志不坚定，缺乏忍耐力的人，往往就要被别人轻视，甚至要受到践踏和弃绝，最终难免于失败。

　　缺乏坚毅与自信的人，在自身有缺陷时，使自己陷于悲观与沉沦，往往干不成大事，也得不到别人的信赖与敬佩。唯有那些有坚定的决心、有十足忍耐力的人，才能创造一切，为他人所敬佩。

人生中，什么都可以失去，但刚强的意志绝不可以丢弃。一旦失去了毅力，一个人就真的一无所有，一事无成了。

小不忍则乱大谋

从来没学会细嚼慢咽的狼似乎永远都处于高度的亢奋状态，它们往往一连几个星期地追踪一只猎物，搜寻着猎物留下的蛛丝马迹，狼群轮流协作，接力追搏，在运动中寻找每一个战机。

狼族在生存猎食的过程中，表现出来的忍耐令人叹为观止。忍耐，就是坚持一个过程、等待一段时间，并在这个过程中默默地奋斗下去，直到成功；忍耐也是把痛苦的感觉或某种情绪抑制住，不使其表现出来的能力，它是意志顽强的一个前提。

忍耐是一种心灵的状态，更是一种命运。狼族因为有一种坚忍的心态，所以永远保持旺盛的精力。纵观成功企业与有作为的个人，多数都具备这种品质。从狼族的忍耐力磨炼中，人们可以获得很多益处，从而加强对自身忍耐力的认识、培养及提高。

修身养性，培养自己的浩然之气、容人之量，保持自己的高远志向，必须要抑制急躁的脾气、暴躁的性格。做事戒急躁，人一急躁则必然心浮，心浮就无法深入到事物的内部中去仔细研究和探讨事物发展的规律，无法认清事物的本质。气躁心浮，办事不稳，差错自然会多。

《郁离子》中记录了这样一个故事：

在晋郑之间的地方，有一个性情十分暴躁的人。他射靶子，射不中靶心，就把靶子的中心捣碎；下围棋败了就把棋子儿咬碎。人们劝告他说："这不是靶心和棋子的过错，你为什么不认真地想一想，问题到底在哪里呢？"他听不进去，最后因脾气急躁得病而亡。

容易急躁，气浮心盛的例子还不止这一个。不少人办事都想一挥而就，一蹴而成，应该知道，做什么事都是有一定规律，有一定步骤的，欲速则不达。

战国时期魏国人西门豹，性情非常急躁，他常常扎一条柔软的皮带来告诫自己。魏文侯时，他做了邺县令。他时时刻刻地提醒自己，要自己克服暴躁的脾气，要忍躁求稳求安求静，才在邺县做出了成绩。

唐朝人皇甫嵩，字持正，是一个出了名的脾气急躁的人。有一天，他命儿子抄诗，儿子抄错了一个字，他就边骂边喊边叫人拿棍子来要打儿子。棍还没送来，他就急不可待地狠咬儿子的胳膊，以至咬出了血。如此急躁的人，怎能宽容别人？这样教育后代，能教育得好才怪呢！后来他也意识到这样急躁，气性过大，对人对己都没有好处，便开始学习忍耐。

相反，忍躁不乱行事，于人于事才有从容的风度。东汉时刘宽，字文饶，华阴人，就是这样。汉桓帝时，他由一个小小的内史升迁为东海太守，后来又升为太尉。他性情柔和，能宽容他人。夫人想试试他的忍耐性。有一次正赶着要上朝，时间很紧，刘宽衣服已经穿好，夫人让丫鬟端着肉汤给他，故意把肉汤打翻，弄脏了刘宽的衣服。丫鬟赶紧收拾盘子，刘宽表情一点不变，还慢慢地问："烫伤了你的手没有？"他的性格气度就是这样。其实汤已经洒在了身上，时间也确实很紧，即使是把失手洒汤的人骂一顿，打一顿，时间也不会夺回来，急又有什么用处呢？倒不如像刘宽那样，以自己的容人雅量，从容对事，再换件朝服，更为现实和有用。

正反两面的例子我们都看到了，从中我们也能总结一些经验。

人心浮气躁，静不下心来做事，将一事无成。荀况在《劝学》中说：蚯蚓没有锐利的爪牙、强壮的筋骨，但却能够吃到地面上的黄土，往下能够喝到地底的黄泉水，原因是它用心专一。螃蟹有六只脚和两个大钳子，它不靠蛇鳝的洞穴，就没有寄居的地方，原因就在于它浮躁而不专心。

轻浮、急躁，对什么事都深入不下去，只知其一，不究其二，往往会给工作、事业带来损失。忍浮是讲人要踏实、谦虚，戒躁是要求我们遇事沉着、冷静，多分析多思考，然后再行动，不要这山望那山高，干什么都干不稳，最后毫无所获。

浮躁，乃轻浮急躁之意。一个人如果有轻浮急躁的缺点，是什么事情也干不成的。

在现实生活中，也常有人犯浮躁的毛病。他们做事情往往既无准备，又无计划，只凭脑子一热、兴头一来就动手去干。他们不是循序渐进地稳步向前，而是恨不得一锹挖成一眼井，一口吃成胖子。结果呢，必然是事与愿违，欲速不达。

《孟子·公孙丑上》有则寓言，说的是宋国有个种田人，为了让自己田里的禾苗长得快一些，就下到田里把禾苗一棵一棵地往上拔。拔完回到家，他对家人说："今天累坏了，我帮助田里的禾苗长高了。"他的儿子听后，忙到田里去看，只见田里的禾苗全部枯萎了。今天用来比喻强求速成反而坏事的成语"揠苗助长"就出自这则寓言。生活中有些人，他们看到一部文学作品在社会上引起强烈反响，就学习文学创作；看到电脑专业在科研中应用广泛，就想学习电脑技术；看到外语在对外交往中起重要作用，又想学习外语……由于他们对学习的长期性、艰巨性缺乏应有的认识和思想准备，只想"速成"，一旦遇到困难，便失去信心，打退堂鼓，最后哪一门也没学成。这种情况与明代边贡《赠尚子》一诗里的描述非常相似："少年学书复学剑，老大蹉跎双鬓白。"是讲有的年轻人刚要坐下学习书本知识，又要去学习击剑。如此浮躁，时光匆匆溜掉，到头来只落得个白发苍苍。

浮躁的人自我控制力差，容易发火，不但影响学习和事业，还影响人际关系和身心健康，其害处可谓大矣，故应该力戒浮躁。

怎样才能戒除浮躁呢？我们知道，轻浮急躁和稳重冷静是相对的，因此，力戒浮躁必须培养稳重的气质和精神。

稳重冷静是一个人思想修养、精神状态美好的标记。一个人只有保持冷静的心态才能思考问题，才能在纷繁复杂的大千世界中站得高、看得远，才能使自己的思维闪烁出智慧的光辉。诸葛亮讲的"非宁静无以致远"就是这个意思。我们如能把"宁静以致远"作为自己的座右铭，那定会有助于克服浮躁的缺点。忍是睿智的体现，也是稳重冷静的体现。智者需要时间来思考，所以他们懂得去忍。

不达目的誓不罢休

　　狼，是最不懂得妥协的猎杀者，是一种桀骜不驯的生物。狼性还表现为不屈不挠、奋不顾身的进攻精神，不达目的决不罢休的姿态——再强大的对手也有它的弱点，只要坚持不懈必有收获。一旦下定决心，狼群的追杀便是被猎者的催命符，很少有猎物能从狼嘴下脱身，狼不懂什么时候该停下来，这种不达目的决不妥协的本性，让每一个对手震撼。同时狼也是一种极其残忍的动物，虽然对于自己的伙伴极尽关爱之情，但是对于敌人它们是不死不休，所过之处斩尽杀绝。

　　下午 4 点的撒哈拉大沙漠，一辆美式军用大吉普在奔驰。刘兵轻松地吹着口哨，享受着沁人心脾的微风，不紧不慢地开车前行。他甚至忘了这是沙漠，是栖息着凶狠、强悍、狂妄的狼的地盘。天色渐渐暗了下来，刘兵踩着油门一气赶了两个多小时路程，突然，他发现自己迷失了方向，一种莫名的恐慌冲击刘兵的头皮。刘兵明白自己犯了一个致命的错误，撒哈拉大沙漠是有狼的。

　　在刘兵迷失方向的最初一刻，狼已经知道了。望远镜里出现了一只狼、两只、三只……越来越多，越来越近。充满杀气的饿狼死盯着刘兵。刘兵本能地发动车子，调头。然而车却意外没油熄火了！狼来了，刘兵反倒毫无惧意。他看了看驾驶座旁边的全自动步枪，一箱子弹，一箱干粮和水，便轻松地笑了，一场人与狼的战争悄然打响。

　　狼嗥声此起彼伏，刘兵稳稳地握住枪扣响了扳机，以最快的速度杀了两只最肥的狼。剩下的几只狼惊慌失措四下逃窜，向沙漠深处飞速奔跑，发出一声声短促、尖锐的嗥叫。首战告捷，刘兵自豪地笑了。他点燃一支烟，本想抽完就去加油，谁想烟只抽了不到一半，又有狼过来了，他万分惊讶，赶紧掐灭烟，专注地瞄向狼群。

　　这一次，刘兵远远看见一只白狼，身后始终跟随着十几只狼。白狼一声长嗥，狼群不要命地围了上来。刘兵奋战了一夜，狼群渐渐减弱了攻势，刘兵也得以稍许的喘息。天亮了，车子的周围狼尸遍地，而外围仍有上百只狼蹲在汽车四周。刘兵似乎看到了自己的末日，狼没猎到食物，是不会轻易离去的。接下来的时间里，刘兵把食物分成一小块一小块地吃，不到万不得已不再开枪。第三天，狼群越聚越多。第四天，狼群有增无减。四天四夜的对战使他困顿不堪，整个人已经虚脱。而那些狼却精神抖擞，精力充沛。记不清被困多少天，最后的子弹已经用完，枪柄上沾满了狼血。刘兵渴极了，困极了，沙漠上仍然看不到救兵。

枪支扔在一边，刘兵靠在椅背上，神情恍惚，体力不支，白狼看见了，站了起来，从容不迫地向刘兵走来……

两个月后，一个探险队发现了这辆汽车，驾驶室里有一堆白骨，100颗弹壳，一把全自动步枪，还有一本日记。

坚持不懈，直到成功，这就是永不妥协的狼性带给我们的启示。一个人若想在生活中、事业中取得成就，坚持到底的恒心是必不可少的。

马丁起初是一位很普通的演员，他其貌不扬，嗓音平淡，看过他表演的人都说他不可能在演艺圈里取得大的发展。然而，从他出道的那一天起，他就暗自决定扮演一个前人还没有扮演过的角色——马辛杰戏剧的吉列斯·欧费里奇爵士。他失败了一次又一次，但他选择了坚持。最终，他扮演的这个角色获得了广大观众的高度认可，他本人也获得了极高的荣誉。

失败属于每一个人，但成功只属于坚持的人。那些成功的人之所以能够成功，是由于他们坚忍不拔的毅力，更重要的是他们能够把失败化作无形的动力，从而最终反败为胜。

如果我们仔细审视历史上那些立大功、成大业的人物，就会发现他们都有一个共同的特点：不轻易为"拒绝"所打败而退却，不达到他们的理想、目标、心愿，决不罢休。华德·迪士迪为了实现建立"地球上欢乐之地"的美梦，四处向银行融资，可是却被拒绝了302次之多，因为每家银行都认为他的想法怪异。现在，每年有上百万游客享受到前所未有的"迪士迪欢乐"，这全都源于他一个人的决心。

一个大学篮球教练，他执教一个很烂的、刚刚连输了10场比赛的球队。这位教练给队员灌输的观念是："过去不等于未来"，"没有失败，只有暂

时停止成功"，"过去的失败不算什么，这次是全新的开始"。在第 11 场比赛打到中场时，他们又落后了 30 分，休息室每个球员都垂头丧气。教练问球员："你们要放弃吗？"球员嘴巴讲不要放弃，可肢体动作表明已经承认失败了。教练又说："各位，假如今天是篮球之神迈克尔·乔丹在场，他会放弃吗？"球员道："他不会放弃！"教练又道："假如今天是拳王阿里被打得鼻青脸肿，但在钟声还没有响起、比赛还没有结束的情况下，他会不会选择放弃？"球员答道："不会！""假如发明电灯的爱迪生，来打篮球，他遇到这种状况，会不会放弃？"球员回答："不会！"教练问他们第四个问题："米勒会不会放弃？"这时全场非常安静，有人举手问："米勒是谁，怎么连听都没听说过？"教练带着一个淡淡的微笑道："这个问题问得非常好，因为米勒以前在比赛的时候选择了放弃，所以你从来就没有听说过他的名字！"

只要你不放弃，你就有机会成功，但如果放弃，你肯定是不会成功的。这就是成功的秘诀。所以，你唯一的失败就是选择了放弃，因为"成功者永不放弃，放弃者绝不成功"。

任何成功都必须全力以赴，坚持到底，否则你永远无法得到你想要的一切。

亨利·福特在成功之前因失败而破产过 5 次。丘吉尔直到 62 岁才成为英国首相，那时他已经历过无数次失败和挫折了。他最伟大的贡献是在他成为"年长公民"后完成的。有 18 位出版家否决掉理查·巴哈的一万字故事《天地一沙鸥》，最后由麦克米兰出版公司于 1970 年印行。到了 1975 年，仅在美国一地，这本书便卖出 700 万本。

在获取成功的过程中，坚持是无可取代的。但我们时常会发现许多失败的人都是有特殊天分的。他们拥有许多大好的机会，只因为太快放弃而未能成功，热情也在一夜之间为懒惰和不耐烦所取代。

坚持和决心才是使工作得以完成的关键。如果你想成功，你必须坚持到底。

一位哲人说过，任何人都可以数得出一个苹果里有多少种子，但只有上帝知道一粒种子里有多少苹果。

要想实现梦想必须要行动，而行动必须要有恒心。只有既有行动又有恒心的人，发挥潜能，成就伟业，才能完成目标。行动要有恒心，这是开发潜能的重要因素。

1828 年，18 岁的伯纳德·帕里希离开了法国南部的家乡。按他自己的说法，那时候他"一本书也没有，只有天空和土地为伴，因为它们对谁都不会拒绝"。当时他只是一个不起眼的玻璃画师，然而，他内心却怀着满腔的艺术热情。

一次，他偶然看到了一只精美的意大利杯子，完全被它迷住了，这样，他过去的生活完全被打乱了。从这时候起，他内心完全被另一种激情占据了——他决心要发现瓷釉的奥秘，看看它为什么能赋予杯子那样的光泽。此后，他长年累月地把自己的全部精力都投入到对瓷釉各种成分的研究中。他自己动手制造熔炉，但第一次以失败告终。后来，他又造了第二个。这一次虽然成功了，然而这只炉子既耗燃料，又耗时间，让他几乎耗尽了财产。最后因为买不起燃料，他无奈只能用普通火炉。失败对他已是家常便饭，然而每次他在哪里失败就从哪里重新开始，最终，在经历无数次的失败之后，他烧出了色彩非常美丽的瓷釉。

为了改进自己的发明，帕里希用自己的双手把砖头一块一块垒了起来，建了一个玻璃炉。终于，到了决定试验成败的时候了，他连续高温加热了6天。可是，出乎意料的是，瓷釉并没有熔化。但他当时已经身无分文了，只好通过向别人借贷又买来陶罐和木材，并且想方设法找到了更好的助熔剂。准备就绪之后，他又重新生火，然而，直到燃料耗光也没有任何结果。他跑到花园里，把篱笆上的木栅拆下来充柴火，但仍然没有效果。然后是他的家具，但仍然没有起作用。最后，他把餐具室的架子都一并砍碎扔进火里，奇迹终于发生了：熊熊的火焰一下子把瓷釉熔化了。秘密终于揭开了。事实再次证明了这一点：有志者，事竟成。

因为有了恒心与忍耐力，才有了埃及平原上宏伟的金字塔，才有了耶路撒冷巍峨的庙堂；因为有了恒心与忍耐力，人们才登上了气候恶劣、云雾缭绕的阿尔卑斯山，在宽阔无边的大西洋上开辟了通道；正是因为有了恒心与忍耐力，人类才夷平了新大陆的各种障碍，建立起了人类居住的共同体。

滴水可以穿石，锯绳可以断木。如果三心二意，哪怕是天才，终有疲惫厌倦之时；只有仰仗恒心，点滴积累，才能看到成功之日。勤快的人能笑在最后，而耐跑的马总会脱颖而出。

第三章

团结一心，合作制胜

在狼的优良品性中，最重要的，也是最值得人们学习和效仿的一点就是，狼是社会性动物，拥有动物王国里最复杂而团结的队伍，它们借着团队合作来完成对猎物的制服。面对狼群，最凶猛的猎豹也会退避三舍，这就是狼群杀阵的威力。当人类为个体的利益各自为战、尔虞我诈的时候，狼却从来没有忘记相互依靠是族群存继的根本。

家族利益高于一切

狼是世界上最具有团队精神的动物，为了家族的利益，它可以不惜牺牲自己的性命，大有赴汤蹈火、视死如归的气势。狼群的这种精神可以说是一种集体英雄主义，它是个体与群体在目标一致基础上的融合，是成员思想心态上的高度协调，是行动上的默契和互补，是相互之间的宽容和接纳。

关于狼的自我牺牲精神，我们可以从猎狼人卢嘉·布尔迪索的叙述中体会到。

有一次，他和艾迪（卢嘉·布尔迪索的好朋友）发现一群狼，大约有二三十只。当时，他们带了足够的弹药，至少能杀掉十只狼。那可真是一个不小的数目啊。艾迪先开枪杀掉了一只，狼群发现他们之后并没有乱，而是有序地向山谷的方向跑去。他们骑上马带着猎狗开始追击。跑了很长一段距离后，他们渐渐缩短了与狼群之间的距离。

正当他们再举枪准备射击时，有三只狼突然停下了，转回头来面对着他们。当时，他们一下子愣在了那里，不知道该怎么办。那三只狼停下的地方正是一个山脊，其他的狼翻过了山脊就不见了。过了几秒钟，他和艾迪连续开了几枪，打死了那三只狼。后来他们发现这三只都是非常强壮的狼，大概是狼群中的首领。这时，他们才明白它们是为了狼群能够逃脱，而牺牲了自己。

狼群在集体利益中看到了自己的利益，懂得集体的长存便意味着自我更好的生存。

这种素质也正是我们人类所应该具备的，它会指引我们时刻以确保集体利益为首要目标，从而达到集体与个人利益的合二为一。

王林来到营销部没几天，他们便接到一个大任务，就是向某健身器材专卖店推销公司开发的新一代跑步机。

营销部的主管把攻克专卖店老总这个最大"碉堡"的艰巨任务交给了王林。

王林打听清楚专卖店老总魏先生的住址，又得知他有个热爱体育运动的儿子，便信心百倍地立刻带领同事拉着一台跑步机去了魏先生家。

此时正是暑假，魏先生家只有他放假的儿子魏强在。王林进门后，凭着他的口才，轻易便将魏强说得动了心，立即就要试一试这个新产品。

于是魏强便让王林他们把跑步机抬进去。王林说只是免费试用，留下了联系方式便带着同事走了。

没过几天，王林接到了魏先生的电话，他本以为魏先生是要与他们谈购买跑步机的事情，没想到魏先生却在电话里抱怨起来，说他们的产品没用几天就出故障了。

王林赶紧道歉，并向魏先生详细询问了故障的表现，便立刻回家拿了工具去了魏先生家。原来王林在学校时是学机械的，平时便喜欢修修东西。

到了魏先生家，他发现有几条线路连接得不是很顺畅，另外里面的电子管竟然有损坏的迹象。

他问跑步机有没有受过撞击，魏强这时承认昨天几个朋友来家里，大家争着玩跑步机，结果在争抢中把跑步机推倒了。王林调试了那几条线路，跑步机便又重新启动了。他对魏先生家人说跑步机暂时可以使用，但里面的电子管因为受撞击已经损坏，明天他会来重新安装一个电子管。

第二天，王林花自己的钱买了个电子管去魏先生家安装在跑步机上，并诚恳地向魏先生家人询问对产品的看法。魏先生高兴地说产品一点问题都没有，但他更加满意王林公司的服务态度。王林趁机说出公司希望在他的专卖店销售跑步机的想法，魏先生二话没说一口答应。结果王林顺利完成了任务。

在专卖店的研讨会上，魏先生力排众议并做出担保，使王林公司的跑步机涉险过关。魏先生还向王林的公司领导反映了他的所作所为，并对他大加赞扬。公司立刻对王林进行奖励，王林在高兴之余，也没忘提醒公司健身器内部构造上的缺陷，建议尽快进行改进。

个人的利益是与集体的利益紧密联系在一起的，只有首先保障了集体利益，个人利益才能真正得到维护。要做到这一点需要我们将眼光放得长远些，考虑问题时从全局出发，充分认识到自己是集体的一员，只有集体发展了，自己才能更好地发展。

具有长远眼光的人更知道任重道远，他清醒地意识到，光凭他一己之力太有限了，要想实现大目标，需要的是众志成城和齐心协力，需时刻注重集体的利益。

比尔·盖茨再三对微软人强调："如果有一个天才，但其团体精神比较差，这样的人微软坚决不要。微软需要的不是某个人鹤立鸡群，而是携手共进。"

微软开发 WindowsXP 时有 500 名工程师奋斗了两年，有 5000 万行编码。软件开发需要协调不同类型、不同性格的人员共同奋斗，缺乏领军型的人才，缺乏合作精神是难以成功的。

现在的企业都很讲究 teamwork，这不但包括借由团队力量寻求资源，也包含主动帮助别人，以团体为荣。因为他们深知，缺乏沟通和合作的后果会严重到什么地步。

在 20 世纪 30 年代的时候，英国送奶公司送到订户门口的牛奶，既不用盖子也不封口，因此，麻雀和红襟鸟可以很容易地啄食到凝固在奶瓶上层的奶油皮。后来，牛奶公司把奶瓶口用锡箔纸封起来，想防止鸟儿偷食。没想到，20 年后，英国的麻雀都学会了用嘴把奶瓶的锡箔纸啄开，继续吃它们喜爱的奶油皮。然而，同样是 20 年，红襟鸟却一直没学会这种方法，自然它们也就没有美味的奶油皮可吃了。

这种现象引起了生物学家的兴趣，他们对这两种鸟儿进行研究，从解剖的结果来看，它们的生理结构没有很大区别，但为什么这两种鸟在进化上却有如此大的差别呢？原来，这与它们的生活习性有很大的关系。

麻雀是群居的鸟类，常常一起行动，当某只麻雀发现了啄破锡箔纸的方法，就会教会别的麻雀。而红襟鸟则喜独居，它们圈地为生，沟通仅止于求偶和对于侵犯者的驱逐，因此，就算有某只红襟鸟发现锡箔纸可以啄破，其他的鸟也无法知晓。

然而，假如世上就只有奶油皮这一种食物可以果腹了呢？那么后果将会多么可怕！

对于动物来说，种族的繁衍和生存往往是最重要的，它们通常都会通过各种方法途径来保障群体的利益。

一名优秀的、有着长远眼光的人深知集体的价值所在，他懂得：一滴水很快就会干枯，只有当它投入到大海的怀抱后，才能永久地存在。个体也只有和集体结为一体，才能获得无穷的力量，才会事半功倍地实现成功的宏伟目标！

群狼能败狮

狼一般过着群居的生活，狼与狼之间的默契配合成为狼成功的决定性因素。不管做任何事情，它们总能依靠团体的力量去完成。

美国的黄石公园，横跨怀俄明、蒙大拿和爱达荷三州，这个野生动物的天堂，更是黄石郊狼的庇护所。

一只黄石郊狼和群狼在捕捉到一只小鹿后，因为饥饿，奋不顾身地与阿尔法公狼抢食，显然，它这是在公开挑战群狼的铁律，结果，它被群狼驱逐出了领地。从此，它四处流浪，经常处于饥饿和死亡的威胁之中。

这一天，它突然发现了一只母鹿和小鹿，当它冲上前去，母鹿无情的蹄子使它始终不能成功，最后鹿群到来了，它只好仓皇逃走。

后来，它又逃回原来的领地，躺在地上，露出腹部向阿尔法公狼和它的兄弟姊妹们乞求宽恕。它终于被接纳了。

这一天，它随狼群去捕猎，突然在树林中发现了一头驯鹿，驯鹿的个头就像一头牛，有着可怕的犄角，一旦犄角挑上，非死即重伤。

然而，群狼在阿尔法公狼的带领下，依然果断出击，有的进攻驯鹿的腿，有的进攻驯鹿的腹部，有的进攻驯鹿的脖子，终于，这头驯鹿在挣扎中倒下了。

它因此吃到了数月来最饱的一次美餐。狼能够战胜比自己体型大的动物，都是依靠群体的力量，如果某只狼因为犯错而落了单，将生存艰难，甚至被饿死。

合作是团体的最大优势，成员间的默契配合会使团体发挥出最强大的力量。

同样，一个人的能力是有限的，只有与人合作，才能够弥补自己能力上的不足，达到自己原本达不到的目的。

合作是取得成功的最佳方法，因此，凡是成功人士，都力图通过合作的方式完善自己。

一盘散沙，尽管它金黄发亮，也没有太大的作用。但是，如果把它掺在水泥中，就能成为建造高楼大厦的栋梁。如果化工厂把它烧结冷却，它又能变成晶莹透明的玻璃。单个人犹如沙粒，只要与人合作，就会有意想不到的变化，变成不可思议的有用之才。

21世纪是一个合作的时代，合作已成为人类生存的手段。因为科学知识向纵深方向发展，社会分工越来越精细，人们不可能再成为百科全书式的人物。

每个人都要借助他人的智慧完成自己人生的超越，于是这个世界充满了竞争与挑战，也充满了合作与快乐。要学会与人合作，掌握这种才能，从而使自己的事业向前再向前。

不是所有人都能有效地与人合作，善于团结人的人，天生就是一个领袖人物。他能引导其他人进行合作，或者引导他们团结在自己周围，完成一项共同的工作。他善于鼓舞他人，使他们变得活跃。通过他人的协作，他完成了单靠自己无法完成的工作。在他的引导下，以他为核心的人们给社会提供了更加有效的服务。

清末名商胡雪岩从生活经验中总结出了一套哲学，归纳起来就是："花花轿子人抬人。"他善于观察人的心理，把士、农、工、商等阶层的人都拢集起来，以自己的钱业优势，与这些人协同作业。由于他长袖善舞，所以别的人也为他的行为所打动，对他产生了信任。他与漕帮协作，及时完成了粮食上交的任务。与王有龄合作，王有龄有了钱在官场上混，胡雪岩也有了机会在商场上发达。如此种种的互惠合作，使胡雪岩这样一个小学徒工变成了一个执江南半壁钱业之牛耳的巨商。

自己力量是有限的，这不单是胡雪岩的问题，也是我们每一个人的问题。但是只要有心与人合作，善假于物，那就要取人之长，补己之短。而且能互惠互利，让合作的双方都能从中受益。

每年的秋季，大雁由北向南以 V 字形状长途迁徙。雁在飞行时，V 字形的形状基本不变，但头雁却是经常替换的。头雁对雁群的飞行起着很大的作用。因为头雁在前开路，它的身体和展开的羽翼冲破阻力时，能使它左右两边形成真空。其他的雁在他的左右两边的真空区域飞行，就等于乘坐一辆已经开动的列车，自己无须再费太大的力气克服阻力。这样，成群的雁以 V 字形飞行，就比一只雁单独飞行要省力，也就能飞得更远。

人只要相互合作，也会产生类似的效果。只要你以一种开放的心态做好准备，只要你能包容他人，你就有可能在与他人的协作中实现仅凭自己的力量无法实现的理想。

就像爱和友情一样，合作也是一种必须付出才能得到的东西，在通往快乐之门的路上有许多伙伴，你需要他们的合作，而他们也需要你的合作。

在我们之后将会有下一代的生命延续下去，他们未来的幸福将视我们能留给他什么而定，我们应扮演筑桥的角色，不仅为我们这一代努力，同时也要为下一代努力。

大公无私的团队合作精神，不但会为我们这一代带来好处，同时也会为下一代带来好处。在为我们的子孙建设一个更好的时代的同时，我们应该为追求生命中由善意合作所带来的更美好事物做准备。

这种合作，曾经在美国发展成世界上最强大，而且在经济上最具优势地位的国家的过程中，扮演过重要的角色。我们有一个为共同目标奋斗的义务，如果我们希望保持这种优势的话，则无论遭受到什么样的不幸，我们都应以大公无私的团队合作精神，承担这项义务。

在我们产生团队合作精神，并且认同团结和伙伴意识之前，我们无法真正地从合作原理中获得利益，贪婪和自私在团队合作精神中，没有半点生存空间。

你向前迈进一步的习惯，会影响你的合作者。即使你给他们的利益和薪水都很丰厚，他们还是把获得这些利益和薪水视作是理所当然的事。你应先评估其他合作者的需要，甚至在他们发现自己需要之前便先满足他们。

真正的团队合作必须以别人"心甘情愿与你合作"作为基础，而你也应该表现你的合作动机，并对合作关系的任何变化抱着警觉的态度。团队合作是一种永无止境的过程，虽然合作的成败取决于各种成员的态度，但是维系合作关系却是你责无旁贷的工作。

团队合作只需要很少的时间和努力，但却能得到巨大的成效，了解这一点之后，我们不由得感到奇怪，为什么有那么多人，因为不知道团队合作的重要性，而使自己和别人的生活变得那么悲惨。

没有别人的合作是不可能创造文明的，即使是像米开朗琪罗一样的大艺术家，也需要助手、手工艺人才能完成他的作品。

人类有一种使人与人之间变得相类似，在不同思想之间建立和谐关系，以及提供吸引力，以便和他人进行和谐团队合作的思想状态。就像其他许多无价的生命资产一样，这种思想状态通常必须借着集中注意力于明确目标（以正确的动机和自律作为后盾）之上的方式才能得到。

这种思想状态就是热情—— 一种具有传染性的特质。如果你能将你的热情注入别人体内，就必然会出现团队合作的结果。

作为团队中的一员，你应该从哪几个方面来培养自己的团队合作能力呢？

1．寻找团队成员积极的品质

在一个团队中，每个成员的优缺点都不尽相同。你应该主动去寻找团队成员中积极的品质，学习它，并克服你自己的缺点和消极品质，让它在团队合作中被弱化甚至被消灭。

团队强调的是协同工作，一般没有命令和指示，所以团队的工作气氛很重要，它直接影响团队的工作效率。

如果团队的每位成员，都主动去寻找其他成员的积极品质，那么团队的协作就会变得很顺畅，工作效率就会提高。

2．对别人寄予希望

每个人都有被别人重视的需要，那些具有创造性思维的知识型员工，更是如此。有时一句小小的鼓励和赞许，就可以使他释放出无限的工作热情。

3．时常检查自己的缺点

你应该时常检查一下自己的缺点，比如，还是不是那么冷漠，言辞还是不是那么锋利。在单兵作战时，这些缺点可能还能被忍受，但在团队合作中，他会成为你进一步成长的障碍。

团队工作需要成员在一起不断地讨论，如果你固执己见，无法听取他人的意见，或无法和他人达成一致，团队的工作就无法进行下去。

团队的效率在于配合的默契，如果达不成这种默契，团队合作就不可能成功。

如果你意识到了自己的缺点，不妨就在某次讨论中，将它坦诚地讲出来，承认自己的缺点，让大家共同帮助你改进，这是最有效的方法。

当然，当众承认自己的缺点可能会让你感到比较尴尬，但你不必担心别人的嘲笑，因为一般人只会给你理解和帮助。

你的工作需要得到大家的支持和认可，而不是反对，所以你必须让大家喜欢你。但一个人又如何让别人来喜欢你呢？

除了和大家一起工作外，你还应该尽量和大家一起去参加各种活动，或者礼貌地关心一下大家的生活。

总之，你要使大家觉得，你不仅是他们的好同事，还是他们的好朋友。

4．让大家喜欢你

你的工作需要得到大家的支持和认可，而不是反对，所以你必须让大家喜欢你。但一个人又如何让别人来喜欢你呢？

除了和大家一起工作外，你还应该尽量和大家一起去参加各种活动，或者礼貌地关心一下大家的生活。

总之，你要使大家觉得，你不仅是他们的好同事，还是他们的好朋友。

5．保持足够的谦虚

任何人都不喜欢骄傲自大的人，这种人在团队合作中也不会被大家认可。

你可能会觉得自己在某个方面比其他人强，但你更应该将自己的注意力放在他人的强项上，只有这样，你才能看到自己的肤浅和无知。

因为团队中的任何一位成员，都可能是某个领域的专家，所以你必须保持足够的谦虚。

谦虚会让你看到自己的短处，这种压力会促使你在团队中不断地进步。

相互沟通，协同作战

很多人曾听说过狼的眼睛会在黑暗中发光，但是大部分人却不知道它们的眼睛是最敏锐的沟通工具。狼族利用眼睛肌肉的细微运动——如改变瞳孔大小，来表达惊讶、恐惧、愉悦、理解以及其他情绪。

直接的眼神接触可以区分为"直视"或"瞪"的形式，狼族利用这种方式，传达胁迫或威胁的讯息。当狼族发出友善、开放的讯号时，它们会凝视下方或是移开视线；当它们在轻松和愉悦的状态下或想玩耍时，你会看到它们表现得开放、轻松，完全是一种"来点乐子吧"的态度。

狼善交流，它们的生存在很大程度上是沟通的结果。沟通是种非常重要的技能，在人类的事业乃至人生上，可以说沟通好坏与否，决定着其成败。

1990年1月29日，一架埃维安卡航空公司的班机从南美的哥伦比亚飞往纽约，途中不幸坠毁，共有73人遇难。

在降落前，飞机在肯尼迪机场上空盘旋了45分钟后，耗尽了燃料，这明显是由于飞机驾驶员与地面控制台之间不准确的沟通所致。根据找到的黑匣子，在飞机坠毁前的45分钟，埃维安卡航空公司的机组人员告诉地面控制台，如果让飞机飞到波士顿机场降落，而不是优先在肯尼迪机场降落，"飞机的燃料将耗尽"，飞机还能照此样子继续维持"约5分钟——这就是我们在飞机必须降落前所能做的一切"。然而，地面控制台把这个情况通知了地方控制台，地方控制台指挥飞机在肯尼迪机场降落，但是，地面控制台并没有告诉地方控制台这架飞机燃料不多的问题。国家航空交通控制台协会主席R. 斯蒂夫·贝尔认为，埃维安卡的驾驶员应该为此事负责，因为"埃维安卡的驾驶员从未说'燃料出现紧急情况'或'只剩下最低限度的燃料'，如果他们说了，地面控制台肯定会对此做出紧急反应。只是说你们的燃料不多了，并不意味着立即就会出问题"。这是一种由于沟通不清楚而造成悲剧性结果的典型实例。

当然，不良的沟通并不总会导致这样悲惨的结局。但是，总的来说，它总会对个人清晰的思想带来普遍破坏性的影响。

旧金山有一位主任检察官，他现在是一位繁忙的演说家。他的工作表现杰出，被人看好为明日之星，因此常受到各种团体的演说邀请。但是，他辞谢了众多组织的邀请。正如同大多数人一样，当时的他畏惧演说。因此，他必须谢绝所有的演说邀请。

他回忆道："以前，即使是出席会议，我也总是坐在最远的角落，并且从来没有站起来说过一句话。"

他知道这个问题阻碍了他事业的发展，并常常令他因焦虑而失眠，他知道自己必须采取行动，解决这个沟通的问题。

有一天，这位检察官又接到他高中母校的演说邀请，他立刻发现这是一个绝佳的机会。因为，多年来的努力，使他与校方及毕业生都培养了很好的关系，再也没有比这些听众更值得他信任的了，而这会使他觉得容易放得开些。

于是，他同意前往演说，并尽可能地做好准备。他选择了一个自己最有研究，也是最关注的主题：检察官的工作。他以许多亲身经历为例子，因此不用写讲稿，更不用记忆。他只是走上学校礼堂的讲台向全校师生讲话，就如同向一群老朋友谈话一般。

那是一场极为精彩的演说，从讲台上，他可以看到听众的眼神集中在他身上，他听到听众因他的笑话而发出的笑声，他可以感受到大家的温馨与支持。当他结束演说时，所有的学生都起立鼓掌，声震屋宇。

那天的经历使这位检察官学到几项有关沟通的宝贵经验，那就是：开放与信任的气氛对沟通的重要性，以及成功的沟通所带来的价值。他继续努力，后来成为演说界的名嘴，并且升任为主任检察官。

所以，如果你要促使他人与你合作，你就要学会与他人沟通。

沟通是人际关系的基本，是促进所有事情顺利进行的润滑油。交流对人们的生活起着重要的作用。

个体与团队的和谐

没有魔力却有规律。一位生物学家在澳洲的高原上研究狼群，发现每个

狼群都有一个半径 15 千米的活动圈。把三个狼群的活动圈微缩到图纸上，便会发现一个有趣的现象。三个圆圈是交叉的，既不隔绝，又不完全相融。狼群在划分地盘时，留有一个公共区域。相交部分为它们提供了杂交的可能性，不相交部分又使它们保有自己的独立性。当活动圈重合，狼群则厮杀；活动圈相离，狼的野性则退化。

彼得·克拉克曾说："狼非常有个性。几乎像对人类所进行的研究一样，有的狼一直在帮助其他的狼，有的则懒散，有的则喜欢到处游荡，有些则不与其他的狼来往。即使在同一狼群中，你也会看到各种不同的个性。"

与狼群的状况相仿，在人类的组织与家庭里，没有哪一位成员是彼此相似的，包括他们的思想方式、人格特质。任何一个集体单位中，由于每个人的需要、期待、能力、理想的不同，他所形成的个人目标不一定与集体目标相一致。

面对成员独特的个性和目标，我们怎么办呢？我们是压抑个体的特性，实现群体的高度统一，还是像狼一样，对所有成员的个性给予尊重和鼓励？

对此，狼族已经给了我们最好的答案，只有鼓励成员发展个性，激发潜能，才能使组织具有永远的活力；只有尊重彼此差异，异中求同，才能使团队变得更强、更大，成为不可侵犯的统一整体。

在公司中个体与整体构成一个完整的组织，如果其中的每个个体的个性不是被扼杀而是被大加赞扬，那么它就更令人敬畏。每位成员都应通过发挥特有的才智和力量来肩负起对团体应尽的责任。通过表现个体的独特性以及尊重、鼓励其他成员表现自我，整个集体定会变得强大而令人敬畏。我们必须学会像狼一样共同生活，否则就像羊群一样任人宰割。

团体生活的意义是什么呢？除了狼群以外，蚂蚁和蜜蜂也是筑一个巢，共同住在一起。鱼类也是成群地游泳，象和猴子也是过着团体生活。从这个意义来看，人类和其他大多数动物的团体生活，并没有什么不同。

其实不然。在形式上都是过共同的生活，但是，只有人类是经常提高、发展其团体生活的水平。换句话说，是以更好的团体生活为目标。动物的团体生活，是因其本性而造成的，并不随着时代而进步。蜜蜂现在也和几万年前一样，筑巢住在一起；猴子在几万年前，就和现在一样成群地寻食了。

由于本性使然，人类不断地在发展团体生活，并以追求更好的团体为目标。因此也有了集合众智、追求创意、维持良好团体生活秩序的政治及宗教，并由当初的小部落，发展至今日的全球一百多个国家的大团体生活。

人类在形成团体后，似乎一直在强调组织性，而忽视了个性。而狼群在尊重团队的同时，又十分强调个性。事实上，个性与共性是同等重要的。狼群既讲究团队精神，又注重发挥单个狼的个性。可以说，在狼身上体现了既对立又统一的个性与共性。

一家公司恰似一条船，每个人都应做好掌舵的准备。全体船员中没有哪位会因为其个性突出的划桨而大受嘉奖。正是个人对集体的努力奉献，使一个团体运转、一家公司运转、一个社会运转、一种文明运转。团队精神不是靠高谈阔论和深奥的推理得来的，而是将态度、共同的目标和经验融于一体并付诸实践的结果。

每一个强大的公司品牌后面都有一个强大的团队，他们有着对事业的共同认识，彼此之间配合默契。但是每个员工都有自己的特点，每个员工都在扮演着别人无法取代的角色。员工与员工之间的默契配合、各自图强的精神使得整体利益不断上升。

一个公司、团队就像是一艘航行在大海上的船，每一位成员，都应该像狼一样要为集体的利益着想，要为将来可能掌舵的那一天作准备。

更重要的是作为一个团队，一定要注意成员之间的性格、学历、能力、年龄、特长等的合理搭配和组合。合理的人才匹配可以使人才个体在总体协调下释放出最大的能量，从而产生良好的团队效应。一个团队的效能，固然决定于各个人才的素质，但更有赖于人才整体结构的合理。结构的残缺会影响组织的运转，能力的多余或不协调会增加内耗。就是说，要像一个优秀的狼群一样，每一位成员单独是"狼"，富有强大的战斗力，合起来就是"狼群"，所向披靡。

另一方面，由于人们的人格特质各有不同，如果员工的工作性质及在团队内的位置分配与其人格特点及个人偏好一致，其团队的绩效水平容易提高。最通俗的例子就是在一个篮球队中，需要具有多种技能的成员，如控球手、强力得分手、三分球球手、篮板球手等等。单靠某一个位置的人想取得胜利都是不可能的。而所有这些都要归功于富有经验的教练，他能够识别每个队员的特点，并根据各自的技能优势把他们安排到最适合的位置上。

从团队成员角色来说，一个成功的团队确实需要其成员做出不同贡献，彼此合作、支援、扮演好不同角色，以完成任务。在团队中人们喜欢扮演九种潜在角色。

高效团队的一个特点是，团队成员之间相互高度信任。也就是说，团队成员彼此相信各自的正直、个性特点、工作能力。作为管理者，不仅要对下属充分信任，而且还要对他们坦诚相待。如果出现变故及不利因素，有话要说在当面，不要在背后议论下属的短处；对下属的误解应及时消除，以免积累成真、积重难返。有了错误要指出来，是帮助式的而不是指责式的，相信你的下属不是傻子，好意歹意心中自明。总之，与下属经常保持思想交流非常重要。

说到信任问题，其实它是两个彼此相处的人应该具有的一个基本的和必要的要素。两个陌生的人在一起，彼此防范，没有什么信任。人们一旦通过某种渠道互相认识熟悉后，彼此渴望的就是一种信任。

互相看不惯的人很难有信任可言。嫌隙的存在是关系恶化的起端。离自己越亲近的人，你应该给他越多的信任。对朋友，应该推心置腹。在一个企业里，副经理、部门经理之于总经理，一般职员之于部门主管，可称为手足或臂膀，理应得到更多的信任。如果你不给他们信任或给他们的信任不够多，都会影响到他们的工作。这就好比在家庭生活中，夫妻关系应该说是再好不过了，但如果你不给对方最多的、最大限度的信任，家庭生活也不会和睦。

我们很少能在人类社会中看到像狼那样，将团队与个体结合得如此完美的团队。我们总是走到两个极端，要么过于追求个体的价值实现而忽视整体的利益，要么注重整体的利益而牺牲个体的利益，很难达到两者的平衡。

在一个企业或者团队中，无论哪一个成员走哪个极端都不是好的解决办法。个体与整体之间并不一定是互相抑制、此消彼长的绝对对立。相反，优秀的员工不仅能在两者之间取得平衡，还能让两者产生互相促进的作用。

一个出色的团队，会把各种人才聚合在一起，大家会在工作中对别人进行了解，在沟通中能发现别人的许多优点。这时，聪明的员工总能发现自己的不足和别人的长处，取长补短，虚心向周围的人学习。同时，大家也会为了共同的目标而改变自己以前不好的生活和工作习惯，使自己变得更加优秀。

第四章

谋者生存，变中取胜

猎人、摄影者、研究人员以及其他有幸目击狼群捕食实况的人，事后回想起那一时刻时，只能记起自己当场的目瞪口呆，那种震撼只有"大自然的力量"能比拟！之前，还似乎是漫无目的地跟着食草动物的狼群，在一刹那间忽然变得冲劲十足，重新组织成为一个合作、有力量、团结的团队去狩猎，每一匹狼也都知道狩猎策略以及自己必须执行的部分。

变与不变之间

在远古时代，早期人类发现其他动物都有同伴为伍，唯独自己是孤零零的，于是向造物主问道："为什么只有我们这么孤单呢？"

造物主回答："因为我只赋予了你们智慧，你们是我所创造的最优秀的动物。"

人类感到疑惑，接着问道："难道就没有其他优秀的动物像人一样拥有智慧吗？"

想了许久，造物主才说："我想优秀的狼是唯一能与你一同行走、说话和嬉戏的生物吧！"于是，造物主把狼赐给了人类，并对它们说："你们彼此成为兄弟，应该相互扶持，前往世界各地。"

由于人类和狼之间的冲突不断，他们彼此都不能接受对方作为自己的朋友，于是他们又回到了造物主跟前。造物主迫于无奈，只好宣布："从今天开始，你们将各走各的路，我将永远不再干涉你们的事情。"

于是，人类和狼便各自起程。

著名的狼学专家博比·卡耐特博士在他的专著《动物之王》中说："有时候，我会深深地感叹，狼在某些方面所具有的智慧，是人都不能与之相比的。狼群有自己的社会组织结构和组织纪律，狼群有自己的信仰，狼群有自己的生活准则和生活目标。为了自己的信仰，为了自己的生活准则和生活目标，它们愿意付出一切，甚至牺牲生命也在所不惜。但有时候，它们却会毫不犹豫地改变平时遵循的一些原则。对变与不变的把握，充分体现了狼族的生存智慧。要知道，这些智慧即使是人也很少能够完全掌握。"

在这个瞬息万变的社会，善于变通是能够在社会上长久立足的法宝。有时候我们也应学习狼族的智慧。

人们常常说：计划赶不上变化。的确如此，世界在不停地变化，社会在不停地变化，我们自己也在不停地变化。"人事有代谢，往来成古今。"今天我们每个人只要回想一下 10 年前的自己，就不由得会感慨万千。面对世界如此巨大的变化，我们的计划能赶得上吗？难道我们真的可以像能掐会算的诸葛亮一样，把一切变化都在计划中预料到吗？不，绝对不可能。

有一则幽默故事，一位老兄，昏睡多年，一觉醒来已是 10 年之后。他做的第一件事就是打电话给他的股票经纪人。经纪人告诉他："老弟，你的 A 股票已涨到 500 万美元，B 股票涨到 1000 万美元。"

"我发财了！"这位老兄欢呼起来。

这时，电话接线员插话说："先生，3 分钟已到，请付电话费 100 万美元。"

这个故事说明，一切都在变化，有时情况变化得令人不可思议，大大超出了人们的想象。

那么，我们怎样来应对周围发生的这一切变化呢？方法只有一个，就是变通。

美国有一个著名人物叫詹姆斯，他在总结自己的成功经验时说："你可以超越任何障碍。如果它太高，你可以从底下穿过；如果它很矮，你可以从上面跨过去。总会有办法的。"詹姆斯的成功就在于他善于变通，他能根据不同的困难，采取不同的方法，最终克服困难。所以，对于善于变通的人来说，世界上不存在困难，只存在着暂时还没想到的方法。

千万不要低估了变通的力量，变通的力量能让人获得成功，同样也能给人类制造出许多麻烦，让人们防不胜防。中国有一句俗语，叫作："不怕贼偷，就怕贼惦记。"意思是说只要贼惦记住了你，他就会不停地琢磨你，即使你防范措施再严密，他也会想出一条你预想不到的变通之法。

上海有一家牙膏厂，企业业绩开始下滑，公司总裁鼓励大家出谋划策，若能提高企业效益，重奖10万元。一位经理听后递给总裁一张纸条，写着"把牙膏的口径扩大一毫米"，总裁看完后，毫不犹豫地签了一张10万元的支票给他。小小的一毫米，使每天的消费量提高，从而使销售量大大增加。公司采纳了这个建议，终于扭亏为盈。

一个人要想获得成功，就要不断地发明创造，打破常规，走到别人的前面。

敌变狼亦变

一只母狼和另外的五只狼计划进攻一个羊圈。但到了最后的时刻，母狼却退却了。因为母狼突然发现了一些变化：羊圈前新装上了成排的金属线。其他的几只狼冲向羊圈，意外地发现它们够不着那些可爱的羊，自己却掉进了死亡陷阱。于是，母狼就明白了新的危险是什么。虽然母狼未必就清楚地了解这个新的概念，但在母狼本能的冲动中，有了一个绝对的观点，那就是：对任何陌生的事物都不能轻易相信。尤其是在一两次恐怖的经历中，母狼更加坚信了这一点。而实际上，这也被证明是母狼的最后一道保护自身安全的屏障。

狼群在作战时非常懂得随机应变，根据对手状态和周围情况的变化做出相应的反应。这使它们能够在战斗中随时应付各种突发事件，采取合理的方式处理各种计划之外的情况。正是有了这种能力，使狼群能很好地根据情况做出调整使任务顺利进行，并最终达到目的。

我们在生活中如果也能做到像狼群这样的随机应变、顺势而动，无疑会对我们适应生活，适应现实变化有很大的帮助。

在变化的时代，应当紧跟时代节拍，以变应变，寻找出路，不然你会处于被动地位。要成大事者必须能顺应时势，善于变化，及时调整自己的行动方案，而不因循守旧，这是成大事者适应现实的一种方法。

当今社会，各种事物都是飞速发展变化的，因此身处其中的人，也应审时度势，顺势而变。只有这样才能成就大事。在这里我们以曾国藩为例，虽然他并不处在我们这个时代，但从他的故事中，我们可以看到一个成大事者是如何适应变化，以变求变的。

曾国藩的处世之道，实际上是一种灵活应变的处世态度和方法。

作为一介儒生，曾国藩的思想之中最本质的部分是儒家思想，但是其中又夹杂了各家的学说。这几乎在他生平的每个时期都有体现。但是，随着形势、处境和地位的变化，各家学说在他思想中体现的强弱程度又有所不同，这些都表明曾国藩以变应变的能力。

曾国藩的同乡好友欧阳北熊也认为，曾国藩的思想一生有三变。早年在京城时信奉儒家，治理湘军、镇压太平天国时采用法家，晚年功成名就后则转向了老庄的道家。这个说法大体上描绘了曾国藩一生三个时期的重要思想特点。

曾国藩的儒家思想，形成于他在京做官时。他用程朱理学这块砖敲开了做官的大门之后，并没有把它丢在一边，而是对它进行深入研讨，同时曾国藩又得益于唐鉴、倭仁等理学大师的指点，这使他在理学素养上更是有了巨大的飞跃。他不仅对理学证纲名教和封建统治秩序的一整套伦理哲学，如性、命、理、诚、格物致知等概念，有深入的认识和理解，而且还进行了理学所重视的修身养性。这种修身养性在儒家是一种"内圣"的功夫，通过这种克己的"内圣"功夫，最终达到治国平天下的目的。他还发挥了儒家的"外王"之道，主张经世致用。唐鉴曾对他说，经济，即经世致用包括在义理之中，曾国藩完全赞成并大大地加以发挥。而且曾国藩还非常重视对现实问题的考察，重视研究解决的办法，提出了不少改革措施。曾国藩对儒学，尤其是程朱理学的深入研究，是他这个时期的重要思想特点，而对于这一套理论、方法的运用，则贯穿了他整个一生。

曾国藩在为官方面，恪守的却是"清静无为"的老庄思想。他常表示，于名利之际，须存退让之心。在太平天国败局已定，即将大功告成之时，他的这种思想愈加强烈，一种兔死狗烹的危机感时常萦绕在他的心头。天京攻陷之后，曾国藩便立即遣散湘军，作好功成身退的打算，以免除清政府的疑忌，这不失为明哲保身的高招。

不同的时期有不同的思想倾向，说明曾国藩善于从诸子百家中汲取养分以适应不同的情况。正是他的以变应变，才造就了他的功业。

无论身处逆境还是顺境，我们都要有一种积极健康的人生态度，学会应变便是其中之一。

一次，世界著名音乐大师施特劳斯带着他的交响乐团到美国波士顿演出。首场演出结束后，痴迷的听众高呼着施特劳斯的名字，不肯让乐队退场。施特劳斯决定不让他的观众扫兴，便同乐队队员们继续演出。等到听众们尽兴而归时，早已是夜深人静。

"如果再这样下去，乐团将被掌声搞垮。"面对热情的听众，施特劳斯又高兴又忧虑，如何才能用一个万全之策，让乐队顺利退场，又不使听众扫兴呢？一个妙计在他的脑海中产生了。

第二天，当演出临近结束时，施特劳斯指挥乐团演奏了一首新谱的曲子。只见他在一小节与另一小节过渡的时候，便暗示一名乐手起身退场。专心致志的听众以为是演奏内容的需要，没有在意，演奏仍在继续，乐手一个接一个退下场去。等最后一名乐手起身退场时，施特劳斯转身向观众深鞠一躬，也走下舞台，大幕随之徐徐落下。这时，听众们才醒悟过来，掌声四起。可是大幕已经落下了，观众只好作罢。

施特劳斯采用逐步解脱的办法，解决了乐队退场的难题。学会在逆境中应变也是你转败为胜的关键。

在商业活动中，形势的变化也相当复杂。要想做到积极应变，除了要顺应时代的潮流之外，还应当根据对手情况的变化而变化，也就是说"敌变我变"。

"敌变我变"是人们适应形势发展，不断调整自己思想与行为的基本策略。所谓"敌"不一定就是敌人，而是泛指对手、环境等，比如对于个人所存在的环境，对于生意人的行情，对于企业、厂家的同行等等。因为大家都在求生存、求发展，都在想新招、出新点子，因此，时移则势易，势易则情变，情变则法不同，顺理成章。

诸葛亮"七擒七纵"孟获，可以说是古今兵家敌变我变、克敌制胜最成功的范例。

一擒孟获，诸葛亮本是乘胜之师，但他却让王平打前站，故意装作不是对手，引孟获进入伏击圈，然后大军裹挟。最后又用大将赵云与魏延在峡谷中前后堵截，使孟获插翅难逃，束手就擒。

二擒孟获采用的则是套用反间计的借刀杀人之计。孟获被捉一次，变得谨慎，退到泸水以南，以泸水为屏障，准备持久坚守。诸葛亮派马岱出战，激发对方上次被俘放归将领的感恩之心，使得孟获与他们发生冲突。堡垒从内部攻破，孟获手下的将领毫不客气地将孟获绑赴蜀营。

二次被擒，仍被放回。这一回诸葛亮故意让孟获了解蜀军的粮草、军情。孟获回去之后气急败坏，急于报仇雪恨，又自以为对蜀军情况成竹在胸，便以送礼谢恩名义前来劫营，可诸葛亮早已摸透孟获的心思。孟获又一次自投罗网——三次被擒。

第四次是把好斗的孟获引入陷阱。

第五次，诸葛亮采取统战之计，让孟获原来的盟友擒住孟获。

……

七擒孟获，每次用的方法与计谋都不相同，这才是"敌变我变"的高超境界。针对孟获心理与战术的变化，诸葛亮对症下药。使孟获完全在他的掌握之中。

法国皇帝拿破仑，也是精通"敌变我变"的伟大人物。1813年底，他在莱比锡战役中失败，反法联军以23万之众的优势兵力向巴黎压来。当时拿破仑身边的部队仅8万多人，他主动寻找战机，连连获胜。但联军的来势太猛，小胜利不足以阻止联军对巴黎的合围之势。1814年2月1日，拿破仑又一次战败，形势危急。经过两个夜晚的思索，拿破仑决定向敌人让步求和，这是2月8日的事。

9日早晨一起床，拿破仑敏锐地发现乘胜进军的联军在部署上犯了错误，就是联军为了行军和供应军需的方便，实行梯次进军，分三路逼近巴黎。拿破仑果敢地改变主意，准备再战。

拿破仑利用敌人分兵的弱点，果断下令，一部分兵力利用有利地势，阻遏敌军中的两路，自己则亲率主力，猛扑敌军最强的一路。2月10日上午，全歼一个俄国师。2月11日，击溃一个军。2月12日，基本歼灭联军两个军。

3 天之内三战三捷。到 2 月 22 日，12 天内，连打 8 仗，歼敌 10 万人。

在这里拿破仑的胜利，关键在于他不守一术，以变应变，不失时机地出击，转败为胜。考察拿破仑在欧洲叱咤风云的历史，可以知道他还不只是一位只知打仗的武夫，同时他在外交上极其精明，在政治上富于睿智。正是他在这些地方多路出击，又能随机应变，所以他有可靠的基础，建立起他的欧洲帝国。

欲擒故纵，顺势而动

动物园的笼子里关着一只老狼，它的身体已经很虚弱了。这天晚上，有只大黄猫来到笼子附近，想要耍威风给狼点颜色看看。大黄猫从小生活在动物园里，很通人性。它鬼鬼祟祟地绕着铁笼子走了一圈，突然冲着狼大叫了一声，想以此使狼胆怯。然而，狼只是微微动了一下耳朵，连眼皮都没抬一下。

大黄猫以为狼快要死了，于是变得更加嚣张，决定好好捉弄一下这只平日里极为凶狠的家伙。可它一时又想不出花招，转了几圈之后便离开了。虽然狼的形象不再像年轻时那样雄壮威武，但黄猫感觉到它所散发出的气味还是那么令人战栗。

时间不长，黄猫带着一副得意的笑脸朝笼子这边走来，它大概是想出了整治狼的办法了吧。果然不错，这一次它已想好了捉弄狼的办法。它想爬到笼子顶上去，以便向老狼拉屎撒尿。黄猫开始在笼子上攀缘，狼还是显得十分冷静，一动不动，静观其变。

黄猫见狼没有动静，更加放心大胆，于是接着往上爬。突然，就在黄猫爬到笼子中间的时候，狼猛然张开双眼，弹簧般抬起头颅，伸出利爪，飞快地向黄猫扑去。这是黄猫万万没有料到的。它已躲闪不及，最终葬身狼口。

狼在捕捉猎物时，十分讲究策略。它似乎比军事家更熟知用兵之计，"欲擒故纵"就是它们在捕食猎物时经常使用的一个高招。

想要捕捉某种猎物，狼通常先"放纵"它，待它放松警惕，对自己的行为不加约束，甚至有些"狂妄"的时候，再看准时机下手，杀他个措手不及。

这样往往非常轻松地就能战胜对手。

数个世纪以来，特别是最近两百年来，人口数量暴增，已经完全改变人类与狼之间、狼群与其他动物之间的关系。但狼已经提高了猎捕的有效性与均衡性。狼群可以适应一切改变，并一直延续着族群的生存。而作为万物之灵的人类，更要懂得顺应形势，乃至于改变形势，以使生活变得更加美好。

想要获得目标猎物，最有效的方法就是先对其置之不理。要压制住自己猎取的欲望，多点人生智慧，深藏自己的意图，让对方毫不察觉。知道如何等待的人深懂获取之道，因为能自制者方能制人。掌握此术，便能使自己的图谋不必太费力便会得逞。

若要达到自己的目的，不能死死地盯着看，如果目标是个姑娘，你八成会被当成流氓。目标猎取，应"取法乎上"，否则急功近利，难以实现初衷。

美国五星上将麦克阿瑟学识渊博，对历史、人物传记、哲学、法律和科学无一不通。他还有非凡的记忆力，一读完讲稿或文件，就能立刻成诵，一字不漏背出全文。来访者漫不经心地提出三两个问题，麦克阿瑟就能滔滔不绝地讲得让他人无法插话。无论谈什么问题，他都能绘声绘色，中肯而简明扼要，使来访者从心底升起对他的无限敬佩。但麦克阿瑟在公众场合对成千上万人演讲时，却内容冗长，夸夸其谈，华而不实、言之无物，不只是追求华丽的辞藻，还要袭用优雅的古典语言，因而显得杂乱无章，缺乏想象力。

在朋友间的私下谈话与面对成千上万的公众发表演讲，麦克阿瑟怎么会判若两人呢？

毛病出在他的心理上。

在与几个人谈话时，讲对说错，无关紧要，自由自在，宽松自然，激发他妙趣横生、语惊四座的演讲水平。但他在众目睽睽之下时，首先意识到自己是西南太平洋地区的总司令，私心杂念窒息了他原有的充满灵气、睿智和潇洒的演讲风格。正如李奇微将军所言："麦克阿瑟盲目地渴望别人对他的赞誉崇拜，使他在公众场合伸手要荣誉，或者贪他人之功据为己有，像一个电影明星，仿佛他举手投足，言词谈吐，都是在拍电影，存入史册。麦克阿瑟有强烈的自尊和虚荣。"

如果说荣誉是麦克阿瑟将军的目标的话，那么就是他对荣誉盯得太紧而导致了他在公众场合讲话的失败。

　　欲擒故纵中的"擒"和"纵"，是相互对立的，但是在军事上，"擒"是目的，"纵"是手段。使用"欲擒故纵"之计就必须去掉"急功近利"的心态，眼光狭隘的人是难以运用自如的。

　　在企业之间的贸易谈判中，也必须戒除急功近利的心态，运用"欲擒故纵"之计。比如在讨价还价时，如果对方不同意你希望成交的价格，你也可以掌握时机，正确地发挥谈不成"转身就走"的优势，迫使对方不得不接受你的还价。接下来的谈判，对你就会更有利了。

　　当然，要想完全达到自己的目的，主要的还是要对敌我双方的诸种情况的对比了然于心，这样方能因"纵"而"擒"。否则，很可能就"纵"而不"擒"了，你的智谋就会落空。所以，任何一项智谋的成功，都需要运用智慧对当前的形势认真进行分析。

　　当初美国可口可乐公司为了在中国开拓市场，并没有在一开始就向中国倾销商品，而是对中国实行了"欲擒故纵"的策略。他们先是无偿地向中国提供价值 400 万美元的可乐灌装设备，不惜金钱和精力在电视上大打广告，提供低价浓缩饮料，吊起中国人的胃口，使一些企业家乐于生产和推销美国的饮料产品。而成功打开市场之后，中方如果再想进口设备和原料，美方就根据中方的产品需要等情况提高价格，牟取财富。

　　10 年来，美国的可口可乐在华夏大地上非常受欢迎，生产该产品的企业由一家发展到很多家，销量与价格也成倍增长。美方当初无偿向中方企业提供生产设备，进行投资，而如今在中国市场赚取的利润，却是他们当初投资的成百上千倍。这就是企业竞争中运用的"欲擒故纵"之计。

　　1966 年，武田制药公司推出一项看起来像是为了刺激消费的活动——"武田制药爱福彩券"抽奖活动。此次活动备有 1600 多份贵重的奖品，参加活动的条件十分简单，只要购买维生素 E 百锭一盒即可参加。具体的要求是，消费者要在空盒上注明自己的姓名与住址，以及药房的店名和地址。

　　在许多患者纷纷寄来空药盒的同时，武田制药公司动员了许多专家来鉴定盒子的真伪。通过这一活动，武田制药公司就能收集到假药盒子，可以查出生产和销售假药的厂家，进而对其进行法律制裁。

　　欲擒故纵是猎取目标的一种顺势而动的策略，不仅是狼族，对于人类而言，也是非常重要的人生智慧。

狼智无双，知己知彼

　　狼也很想当百兽之王，但它知道自己是狼不是虎，所以不会单独攻击比自己强大的动物，就算不可避免地遭遇这些敌人，狼也会敬而远之。兽群中的老、幼、病、残是狼群的首选目标，狼会辨认出哪些是显而易见的牺牲品。

　　狼尊重每个对手，而不会轻视它。在每次攻击之前，狼都会去了解猎物，观察并记住猎物许多细微的个性特征和习惯，所以狼的攻击对许多动物来说是致命的。

　　在非洲大草原上经常会出现这种情景：一群分散的狼突然向一群驯鹿冲去，引起驯鹿群的恐慌，导致驯鹿纷纷逃窜。这时，狼群中的一只"剑手"就会箭一般冲到鹿群中，抓破一头驯鹿的腿。狼群之所以选中这头驯鹿，也许是因为它身上带有某些弱点，易于攻击。但狼不会将它置于死地，会将它重新放回鹿群当中。

　　当狼群攻击鹿群中的一头驯鹿时，周围那些强健的驯鹿并不援救，而是听任狼群攻击它们的同胞。这样的情况日益加重，受伤的驯鹿渐渐失掉大量的血液、力气和反抗的意志。而狼群在耐心地等待时机，他们定期更换角色，由不同的狼来扮演"剑手"，使这头可怜的驯鹿旧伤未愈又添新伤。最后，当这头驯鹿体质变得极为虚弱，对狼群再也无法构成严重威胁时，狼群开始全体出击并最终捕获受伤的驯鹿。

　　实际上，狼在戏斗驯鹿时已经饥肠辘辘了，但它为什么不直接进攻那头驯鹿呢？因为像驯鹿这类体型较大的动物，如果踢得准，一蹄子就能把比它小得多的狼踢翻在地，非死即伤。

　　正是对猎物的了解，保证了胜利必将属于狼群，狼群在每次战斗前都要对对手进行详细的观察和分析，并与自身特点相比较，以求在战斗中万无一失，并确保战斗的最终胜利。然而事实也确实如此，狼群以这种方法作战，几乎每战必胜，失误的概率极小。

　　我们在生活中也应该学习狼群这种作战态度，在做事前对目标或任务的特点作充分的了解，并与自身情况作比较，全面地考虑到所有可能的情况，从而做出正确的判断，才能确保任务顺利完成。

　　康辉公司开发的"格玛"休闲装在市场上有一定的知名度，然而他们始终有一个最大的竞争对手——"薇铭"公司生产的"薇铭"休闲装。这几年在争夺市场的战斗中，"格玛"经常被"薇铭"逼得节节败退，最终只能吃些残羹冷炙。

　　"格玛"是公司的主打品牌之一，公司特地投入大量资金，为其设立了一个单独的"格玛策划部"，但是其成绩却令人失望，公司上层对此十分恼火。

　　眼见"格玛"就要被"薇铭"彻底挤出市场，有人提议把"格玛"的市场任务交给营销部去办，因为这一年来营销部销售业绩奇佳。于是，公司上层便指令营销部接手"格玛"。

　　营销部将"格玛"任务交给了手下最优秀的推销员钱磊，全权负责产品的推销计划。

　　钱磊心想，要战胜对手，就得先了解一下对手的情况。于是他又是上网、查阅报纸杂志又是亲自去"薇铭"专卖店，了解了许多关于"薇铭"的信息，他找遍了各种渠道，甚至连小道消息也不放过，发现对方只有优点，没有缺点，它轻盈、耐磨、美观，只是价格比自己的产品稍贵些，然而消费者却宁愿买对方的产品也不愿买更便宜的"格玛"。原因在哪里呢？

　　他经过调查了解，原来"格玛"在材料和品质上并不输于"薇铭"，但是样式太单调，在注重实用性的同时却忽略了美观性。于是钱磊向公司提议，要想战胜对手，首先要在"格玛"的外观上下大功夫，只有把"格玛"打扮得和"薇铭"一样漂亮才谈得上与对手竞争。于是公司花大价钱聘请高级设计师为"格玛"美容。

　　果然，一段时间之后，"格玛"的各款休闲装都焕然一新，公司里的人见了都惊叹："这是'格玛'吗？"

　　"格玛"这次真的能与"薇铭"一较高下了。一段时间以后，通过钱磊等人的努力，"格玛"真的战胜了"薇铭"，夺回了原有的市场。

　　钱磊正是做到了知己知彼，充分了解自身与对手的情况后才能提出美化"格玛"外观的建议，从而使"格玛"最终战胜"薇铭"成为可能。

　　我们在做事时注意对自身和对手的特点作全面的了解，对双方的各种情况进行充分的对比分析，这样才能真正做到知己知彼，百战不殆。

　　这个道理同样可以运用到职场中。

　　职场中人，谁都想获得成功，谁都想得到晋升。然而，有些人明明知道某个职位并不适合自己，即使竞争成功也无法发挥自己的一技之长，也要去凑热闹争一争，要证明自己很有本事，却从来不去想一想，扬短避长的职位竞争会导致什么样的结果。

　　某高科技公司有一位技术过硬的研究人员唐冬，他所研究出来的新产品曾使公司走出濒临倒闭的境地。虽然他缺乏组织才能和管理能力，但在该公司党委书记的推荐下，仍被晋升为该公司的总经理。

　　开始几年，由于公司那位德高望重的党委书记一直积极支持他的工作，使他能够躲开一些纷乱的行政事务和人际关系，集中精力抓新产品的开发工作，因而公司的经济效益还能持续攀升。

　　可是，当老书记退休后，情况急转直下。先是在领导班子内部有一个副经理，他因为自己孩子安排工作和个人买房的事受到了唐冬的阻拦，没能遂个人心愿，因而对唐冬心存芥蒂。后来，在产品销售问题上，又因为唐冬不同意销售处长的"回扣"方案，招致了销售人员的不满。于是这个副经理与销售处长联合起来与唐冬作对，使公司产品的销售额日渐下降，市场也被别的厂家占领了，给公司带来了严重的损失，公司渐渐陷入困境。

　　在这时，如果唐冬急流勇退，辞去官职，继续搞他的科研，仍不失为明智之举。可是，他把自己搞科研的"犟劲"不合时宜地用在官场上了。他当着众人的面批评了这个副经理和销售处长，接着又解聘了几个不得力的中层干部，于是，便形成了一个势力不小的对立面。

　　在经济效益日渐回落的形势下，上级领导不得不通过招标选聘新经理。招标之后，竟是那位被他批评过的副经理中了标。唐冬本来就是心事重重的人，自然咽不下这口气，不久就因病住进了医院。

　　参与职位竞争，应该扬长避短。比如，你善于营销，就不要去竞争人事主管的职位；你善于管理生产，就不要去竞争经营管理之类的职位。因为，你即便竞争取胜，也不能发挥自己的特长，这种得不偿失的晋升对你一点好处也没有，相反这种扬短避长的做法，会使你失去今后更多的机会，同时，也会使自己的才华和能力逐渐退化。

　　生活中行事要有原则，有些事明知不可为，做了也是徒劳，那就不妨清醒一些，退出竞争，充分利用自己手中有限的资源，集中于一个方面，才不失为明智之举。

　　另外，"知己"之后，我们也不可忽视"知彼"这一环节。了解你身边的任何一个人，也是一件非常重要的事情。

　　吴先生是某公司的后勤部主管，为人厚道，人缘极好。

　　后来吴先生招聘了一个新员工郎先生，吴先生对郎先生很有好感，就好心好意尽力照顾和栽培他。谁知这位郎先生竟因此而嚣张起来，不把其他同事放在眼里。过了一段时间，郎先生竟然煽动两位较不安分的同事，结成一个小"帮派"，并向吴先生要求更多的利益。吴先生因事先未加防范，应变不及，为了维护办公室的安宁，只好向他低头，真是哑巴吃黄连有苦说不出。

　　满足了他们的要求，吴先生以为他们就会鸣金收兵，谁知过了不久，他们竟纠结其他部门的人向他发难，历数他的种种"罪过"，逼他下台。人无完人，吴先生在工作上曾有过一次不小的失误，加上事起仓促，无从防备，因而"中箭落马"，而接替他职位的，正是那位他多次照顾过的郎先生。事已至此，吴先生后悔莫及！

　　"知己"和"知彼"是竞争者要修好的两堂课，只有做到正确了解自己和对方，并有效地利用自身和环境的优势，我们才能在竞争中永不沉没，最终踏上成功之船！

总结经验投入下次行动

　　狼是一种异常聪明的动物，如果在某个地方受到了挫折，这绝对是第一次，也是最后一次；而且，它还会将自己的教训讲给他的同伴。正因如此，每只狼都成了"防御"高手，团队实力也一直得以保存，并且日益壮大。

　　"吃一堑，长一智"，用这句话来形容狼再合适不过了。狼在荒野、戈壁、丛林或草原等地栖息或跋涉的时候，会遇到许多挫折和磨难。但是，每经历

一次危险之后，它们就会从中吸取深刻的教训，并努力避免再犯同样的错误。所以，狼一般不会第二次掉进同一个陷阱。

乔治·唐纳是一家大型跨国公司老板，一生之中，除了做生意，他最大的爱好就是到世界各地的原始森林里探险和狩猎。这不但让他感觉到很刺激，更能够在远离人群的丛林里找到原始的神奇与智慧。

这一次，乔治决定冒一次更大的险，他想，要想达到他的这个目的，非去非洲不可。于是他独自来到了广袤的非洲大陆。与往常一样，他的第一要务就是去那里的原始森林里狩猎。

经过几个昼夜的周旋，他一无所获。最后一只狼成了他的猎物。在向导准备剥下狼皮时，乔治制止了他，问："你认为这只狼还能活吗？"向导点点头。乔治打开随身携带的通信设备，让停泊在营地的直升机立即起飞，他想救活这只狼。

直升机载着受了重伤的狼，向500千米外的一家医院飞走了。而乔治却坐在草地上陷入了沉思。这已不是他第一次来这里狩猎，可是从来没像这一次给他如此大的触动。过去，他曾捕获过无数的猎物，斑马、野牛、羚羊、猎狗甚至狮子，这些猎物在营地大多被当作美餐，当天分而食之，然而这只狼却让他产生了"让它继续活着"的念头。

原来，在狩猎时，这只狼被他追到一个近似于丁字形的岔道上，正前方是迎面包剿过来的向导，他也端着一把枪，狼夹在中间。在这种情况下，狼本来可以选择岔道逃掉，可是它没有那么做。当时乔治很不明白，为什么狼不选择岔道，而是迎着向导的枪口扑过去，准备夺路而逃，难道那条岔道比向导的枪口更危险吗？狼在夺路时被捕获，它的臀部中了弹，面对乔治的迷惑，向导说："埃托沙的狼是一种很聪明的动物，它们知道只要夺路成功，就有生的希望，而选择没有猎枪的岔道，必定死路一条，因为那条看似平坦的路上必有陷阱，这是它们在长期与猎人周旋中悟出的道理。"

人也是如此，我们在生活中也常常会遭遇挫折或失败。但是，有些人在遭遇失败时懂得从失败中吸取教训，并能勇敢地从失败中走出来，继续奋勇前进，他们最终会成为成功者。与此相反，有些人遭遇挫败后，不能积极地从中总结经验、吸取教训，而是一蹶不振，始终生活在失败的阴影里，他们便是生活中的那些失败者。

孙庆翔是个"股迷"，但一直没有赚到大钱，甚至连点小利也没捞到。由大户室转到中户室，由中户室转到散户大厅，最后走出散户大厅，退出股市"江湖"。

分析孙庆翔失败的原因，就在于他不善于总结经验和吸取教训。他后来说，他买的任何一种股票，其实都可以赚钱，甚至赚大钱，有一次他只买了一只股票，没过多久就上涨了，但他舍不得抛出，想着既然涨着我就不卖，说不定还能再涨个十块八块的。

然而，当事实如他所愿后，他仍旧舍不得抛出，盼着再涨个十块八块的。不料，这次天不遂人愿，股市一落千丈，他只得降价抛售，最终血本无归。

孙庆翔是个"执着"的人，又购进一批股票。可是，他又犯了以前的老毛病，当股市行情出现良好的态势时，又不肯抛售，盼着股价再涨一些。然而事与愿违，股价不涨反跌，最终他又以赔本收场。孙庆翔经常吃这样的亏，最终只好退出了股市。

其实，我们很容易就能看出孙庆翔炒股失败的原因，就是不善于从失败中总结经验，吸取教训，常被同一块"石头"绊倒，两次、三次，甚至更多次。

美国商界流传着这样一句话：一个人如果从未破产过，那他只是个小人物；如果破产过一次，他很可能是个失败者；如果破产过三次，那他就完全有可能无往而不胜。

失败的经历是一个人非常宝贵的财富，因为它为你积累了丰富的经验。失败，只是表示你在支付学费，你在学习不败之法。或者说，失败在郑重地提醒你改换一下行为方式或准确地告诉你"此路不通，另寻他径"，通过新的选择，开辟新的成功之路。

"我在这儿已经工作了30年，"一位员工抱怨他没有升级，"我比你提拔的许多人多了20年的经验。"

"不对，"老板说，"你只有1年的经验，你没从自己的错误中学到任何教训，你仍在犯你第一年刚刚开始工作时的错误。"

即使是一些小小的错误，你都应从中学到些什么。

"我们浪费了太多的时间，"一位年轻的助手对爱迪生说，"已经试了两万次了，仍然没找到可以做白炽灯丝的物质！"

"不！"这位天才回答，"我们已知有两万种不能当白炽灯丝的物质。"

这种精神使爱迪生终于找到了钨丝，发明了电灯。

成功的人会从失败中学到教训，失败者是一再失败，却不能从其中获得任何经验和教训。

失败并不可怕，失败之后不能将自己的经验升华，使它在你生命中具有新的价值，这才是最可怕的。

成功者与失败者最大的不同，就在于前者珍惜失败的经验，他们善于从失败中吸取教训，百折不挠，锲而不舍，努力战胜一时的失败，反败为胜，获得更大的胜利；后者一旦遭遇失败的打击，即坠入痛苦的深渊中，不能自拔，每天闷闷不乐，自怨自艾，直至自我毁灭。

石油大王洛克菲勒曾经说："你要成功，就要忍受一次次的失败。"

在职场打拼，失败不可避免，失败是件好事，只要不轻易放弃吸取教训，继续努力，不断地行动，总有一天会从"孤独之狼"变成优秀的头狼大踏步走上成功之路。

在职场的旅途中，我们必须以乐观的态度来面对失败，因为在人生之路上，一帆风顺者少，曲折坎坷者多，成功是由无数次失败构成的。正如美国通用电气公司创始人托马斯·爱迪生所说："通向成功的路就是：把你失败的次数增加一倍。"

失败就像一条河，不怕河中的滔天巨浪，不怕在河中淹死，才可能游到成功的彼岸。人们赞美游到彼岸的成功英雄，却容易忘记在失败的大河中泅渡的必要。

许多杰出的人物，许多名垂青史的成功者，并不是得益于旗开得胜的顺畅，马到成功的得意，反而是失败造就了他们。正如孟子所说："天将降大任于斯人也，必先苦其心志，劳其筋骨，饿其体肤，空乏其身，行拂乱其所为，所以动心忍性，曾（增）益其所不能。"孟子说的这番话，重点就是：一个人要有所成，就必须忍受失败的折磨，在失败中锻炼自己，丰富自己，完善自己，使自己更强大，更稳健。

英国的索冉指出："失败不该成为颓丧、失志的原因，应该成为新鲜的刺激。"唯一避免犯错的方法是什么事都不做，有些错误确实会造成严重的影响，所谓"一失足成千古恨，再回头已是百年身"。"失败乃成功之母"，没有失败，没有挫折，就无法成就伟大的事业。然而，关键的是，在每一次的失败和挫折中都能够得知原因，从中吸取教训积累经验，重整旗鼓扬起风帆，投入接下来的奋斗中。

第二篇
职场强者生存的狼性法则

　　有位哲人曾说，人在风中，每个人都必须经受风的吹拂！每个置身职场的人，在经历过狼性文化的熏陶之后，就应以狼为师，学狼之长。当拨开以往对狼误读的阴云，直逼狼性中无与伦比的内核时，我们会得到不凡的收获！当我们像狼一样傲视一切时，就一定能成为职场中真正的强者！

第一章

专注目标，精益求精

狼狩猎时从不靠运气，它是智慧、意志始终与行动并存的动物。而专一的目标正是狼群默契配合的完美体现。狼始终将自己的精力集中在那些能促成目标实现的行动上，心无旁骛。

目标是奋斗的动力

狼的生活就是生存，而狼的目标就是猎物，自然猎物就成了狼奋斗的动力。狼为了生存则练就了自己出众的奔跑能力。

关于狼奔跑的速度，美国探险家安德柳斯在《蒙古平原横断》里有一段精彩记载。安德柳斯 1918 年在从乌得至土谢图汗途中遇到了狼，并开车进行了追踪。

"当时，一只狼突然出现在草坡上。狼注视了我们片刻，然后矫健地跑起来。地面又滑又硬，我们的车时速 64 千米。眼看快追上狼了，但是狼和我们赛起跑来，和我们的距离始终保持在 5 千米左右。

"狼悠然地疾跑着，时而停下来，回头朝我们张望。但是，几分钟后，它们醒悟到这好奇心可能会带来危险，便使劲快跑起来。由于路面不平坦，汽车的时速已经到了最大限度的 64 千米，和狼的距离只差 1000 米左右，我们继续拼命地追赶。而狼的时速似乎不到 48 千米。我们中的一个人，探出身子打了一枪，狼猛地一转身，没等汽车掉过头来，它已经跑出了 300 米开外。不久又快追上了，这回遇到了一个小丘。狼站在小丘上，疲惫不堪地垂着头，肚子一鼓一鼓的。然而令人吃惊的是，汽车刚要停的时候，它又一阵风似的

跑远了。最后又追了5千米后，我们终于来到了戈壁滩。但是，狼没有发出一声哀叫，英勇奋战，实际上，它是20千米赛跑中的赢家。"

生存下来是狼唯一的目标，为此，它们永远也不会放弃。

职场上乃至人生中，目标都是很重要的，它似灯塔指引奋斗的方向。

"少数人渡过河流，多数人站在河流的这一边，他们站在河岸边，跑上又跑下。"

伟大的佛陀，以它超然的大智大慧俯视芸芸众生，传达出这个超越时空的喻示。

人们在生活中行色匆匆，却又不知道要去哪里。于是，在"河岸边"跑上跑下，又忙又累，终于碌碌无为，没有到达彼岸。

这就是人生。

每个人看起来总是忙碌不堪，但是当被问到为何而忙时，大多数人除了一问三摇头之外，唯一可能的回答就是："瞎忙！"

法国科学家约翰·法伯曾做过一个著名的"毛毛虫实验"。

这种毛毛虫有一种"跟随者"的习性，总是盲目地跟着前面的毛毛虫走。法伯把若干个毛毛虫放在一只花盆的边缘上，首尾相接，围成一圈；花盆周围不到6英寸的地方，撒了一些毛毛虫喜欢吃的松针。毛毛虫开始一个跟一个，绕着花盆，一圈又一圈地走。一个小时过去了，一天过去了，毛毛虫们还在不停地团团转。一连走了七天七夜，终因饥饿和筋疲力尽而死去。这其中，只要任何一只毛毛虫稍稍与众不同，便立时会过上更好的生活（吃松叶）。

人又何尝不是如此，随大流，绕圈子，瞎忙空耗，终其一生。一幕幕"悲剧"的根源，皆因缺乏自己的人生目标。

古希腊彼得斯说："须有人生的目标，否则精力全属浪费。"

古罗马小塞涅卡说："有些人活着没有任何目标，他们在世间行走，就像河中的一棵小草，他们不是行走，而是随波逐流。"

一位哲人曾经说过，除非你清楚你自己要到哪里去，否则你永远也到不了自己想去的地方。要成为职场中的强者，我们首先就要培养自己的目标意识。

博恩·崔西说："成功最重要的是知道自己究竟想要什么。成功的首要因素是制定一套明确、具体而且可以衡量的目标和计划。"

在这个世界上有这样一种现象，那就是"没有目标的人在为有目标的人达到目标"。因为有明确、具体的目标的人就好像有罗盘的船只一样，有明确的方向。在茫茫大海上，没有方向的船只有跟随着有方向的船走。

有目标未必能够成功，但没有目标的人一定不能成功。博恩·崔西说："成功就是目标的达成，其他都是这句话的注解。"顶尖成功人士不是成功了才设定目标，而是设定了目标才成功。

要成功就要设定目标，没有目标是不会成功的。目标就是方向，就是成功的彼岸，就是生命的价值和使命。设定目标的内容有：我想做一个什么样的人？我想要什么？我想得到什么结果？

要设定目标，就先要了解设定目标的好处，我们大部分人做事都需要理由，需要原因。理由越充分，行动力就越强，达到目标的欲望也就越强烈。目标对于一个人的影响非常大，概括起来，主要有以下几点：

（1）目标可以产生积极的心态。

（2）目标使我们感觉到生存的意义和价值。

（3）目标使我们把重点从过程转到结果。

（4）目标使我们更有效地分配时间。

（5）目标使我们产生信心、勇气和胆量。

（6）目标使我们有方向感，不迷失自己。

（7）目标使我们能集中精力，全力以赴。

职场中的强者有一个普遍的特点，那就是他们的目的性都很强，做事情从不会漫无目标。他们清楚自己在做什么以及这么做的原因。对一个团队来说，要想成功就需要拥有那些目标明确、专心致志、做出成效的人。

一个人若是没有明确的目标，以及达到这项目标的明确计划，不管他如何努力工作，都像是一艘失去方向的轮船。辛勤的工作和一颗善良的心，尚不足以使一个人获得成功，因为，如果一个人未在他心中确定他所希望的明确目标，那么，他又怎能知道他已经获得了成功呢？

船在汹涌的波浪中行驶，固然是危险的事，但只要把舵者善于应付，未尝不可化险为夷，渡过太平洋，安登彼岸。一个年轻人的理念也是如此，四周都被困难所包围，你得镇静应付，打破层层阻碍，你会发现你的康庄大道。你得知道，老天决不辜负苦心人的上进志向。

奋斗的方向，就是你生活的目标，你不要以为生活就是吃饱穿暖那么简单。你应使一生过得更有价值和意义，把你的眼光放远些。

没有明确的目标，没有目标的努力，显然如竹篮打水，终将一无所有。

看看这个真实的故事吧！

费洛伦斯·查德威克，是第一个横渡英吉利海峡的女性。1952 年 7 月 4 日，在浓雾当中，她走下加利福尼亚以西 20 海里的卡塔标纳岛，向加州游去，她要成为第一个横渡这个海峡的女性。当时雾很大，甚至瞧不见领航的船只；海水冻得她浑身都麻木；海中还有鲨鱼，时时在威胁着她。

15 个小时过去了，她感到自己不能再游了，她要放弃。她的母亲和教练在另一条船上，他们都告诉她离海岸已很近，叫她不要放弃。但她朝加州海岸望去，她发现，除了浓雾外什么也看不到。

过一会儿，在她的坚持下，人们把她拉上了船。

到了岸上，她渐渐觉得暖和多了。这时，她才发现，人们拉她上船的地点，离加州海岸只有半英里。

一时间，她感到了失败的打击。

后来，她不无懊悔地对记者说："说实在的，我不是为自己找借口，如果当时我看见陆地，也许我能坚持下来。"

其实，令她半途而废的不是疲劳，也不是寒冷，而是因为她在浓雾中看不到目标。查德威克小姐一生中就只有这一次没有坚持到底。

两个月后，她终于成功地游过了同一个海峡。

可见，确定目标是多么重要。

失去目标将失去一切

狼的生命过程就是不断地确定目标，追求目标的过程，对狼族来说，失去目标生命就失去了延续下去的动力。说它失去了目标就等于失去了一切，毫不为过。

目标是狼生存的推动器，人类又何尝不是如此？

出租车最危险是在什么时候？

答案是：没有乘客的时候。

因为，有乘客的时候，司机有目标，他就会全神贯注驾驶，同时想方设法尽快到达目的地；而没有乘客的时候，他是盲目的，走到十字路口左转右转犹豫不定，同时左顾右盼精力分散。

一句英国谚语说得好："对一艘盲目航行的船来说，任何方向的风都是逆风。"

目标是我们行动的依据。

没有目标，我们的热忱便无的放矢，无处依归。有目标，才有斗志，才能开发我们的潜能。

人生的目标，不仅是理想，同时也是约束。有约束，才有超越，才有发展，才有"自由"。

就像一位跳高运动员，如果他的前面不放一根横竿，让他漫无目的自由地跳高，可以肯定，永远也跳不出好成绩来。正确的方法是，在他面前设定目标，放置一根横竿约束他，让他不断地超越，横竿也就不断升高。甚至会有这样的情况，在一定范围内，横竿越高，跳得就越高，横竿很低时，他也跳不起来，因为，没有目标（横竿很低）时，会产生强烈的"失落"感。

这又很像物理学的一条原理，没有参照系，运动或静止都没有意义。

任何出色的企业都有自己的较为长远的目标或规划，那些老板经理们也会时常说出这样的话："我们希望公司在 10 年后会更加辉煌！"然后他们会根据这些来规划，有步骤地安排应有的各项工作。每一项崭新的规划都不是为了适合今天的或眼前的需求而设立的，而是为了满足未来 5 年、10 年甚至更长时间和空间的长远需求！

那么对于一名企业员工来说，是否也需要有自己的长远目标呢？

回答当然是肯定的，绝不含糊的！

有一个年轻人由于职业上的事情跑来找拿破仑·希尔，这位先生举止大方，聪明，未婚，大学毕业已经 4 年了。

希尔先从年轻人目前的工作谈起，并了解了他所受的教育情况、家庭背景以及对事情的态度。然后希尔问他："你找我，目的是不是就是让我帮你换份工作呢？"

年轻人答道："是的。"

希尔又问："你想要一份什么样的工作呢？"

年轻人回答说："问题就在这里，我真不知道自己该做什么。"

这个问题其实很普遍，特别是在一些年轻人当中。后来，希尔帮他和几个老板进行了接洽，但帮助都不大，这说明这种误打误撞的求职方法并不高明。拿破仑·希尔让他静下心来，先想明白自己适合哪项工作。希尔说："不妨让我们换个角度想一下，10年以后你希望自己是个什么样子呢？"

年轻人沉思了一会儿，说："我希望我的工作和别人一样，待遇很优厚，并且买下了一栋好房子。当然，更深入的问题我还没考虑好。"

希尔对年轻人说这是很自然的现象，他接着解释说："你现在的情形就好比是跑到航空公司里说请卖给我一张机票一样。但除非你说出你的目的地，否则人家无法卖给你。同样道理，除非我知道了你现实的人生目标，否则我无法帮你找到合适的工作。只有你自己知道你的目的地。"

这使得年轻人不得不开始认真的思考。两个小时过后，那名年轻人满意地离开了。希尔相信他已经学到了重要的一课：出发以前，要有目标！

大多数人都幻想着他们的生命能够永恒不朽，他们浪费金钱、时间和心力，从事所谓的"消除紧张情绪"的活动。大多数人每周辛勤工作，赚够了钱在周末把它们全部花掉。

大多数员工也是如此。他们希望命运之风能够把他们吹入某个富裕又神秘的港湾。他们盼望在遥远未来的"某一天"退休，在"某地"一个美丽的小岛上过着无忧无虑的生活。倘若问他们将要如何达到这个目标，他会很茫然地回答说：或许会有"某种"办法的。

其实他们不可能实现自己的理想。其原因在于：他们从来没有真正定下工作的目标。

工作如一次有意义的旅行，你知道明天夜里你要到什么地方。这个目标很清楚，而且马上就可以实现。接着，在明天夜里你可以确定后天夜里要到什么地方，就这样一天一天地走下去，直到到达目的地为止。在工作中，我们可以将这一个目标称为做事的目的。执着地追求目标有如下好处：

(1) 在熟悉的行业里有利于你的创新。

(2) 使你拥有的资源不至于浪费。

(3) 你所拥有的技术能不断更新，不会因行业的发展而"变旧"。

(4) 能更好地在所在行业里创造个人和企业品牌，确立个人和企业信誉。

(5) 使自己更有信心在该行业继续追求下去。

造成事情变得复杂低效的四个主要因素之一，就是没有明确的目标。无论是个人还是企业，只要能从一开始就确定好明确的最终目标，并分阶段地执行好，专心于其目标的达成，极少见异思迁，那他必定能取得极大成功。相反，心中没有明确目标，或者目标具备，但却经常变更，企图做到面面俱到，这样的人最终会一事无成，这样的企业必将失败。

目标定位准确

狼的狩猎原则是始终将自己的精力集中在那些能促成它们实现目标的行动上，因此，狼群从来不会漫无目的地围着某一个猎物乱跑，尖声狂吠。它们的目标从来都是精确无误的。

我们在制定自己的目标时，也要有狼的这种智慧，力戒目标过空，不符合实际。

有一个广泛流传的管理故事，说的是一群伐木工人走进一片树林，开始清除矮灌木。当他们费尽千辛万苦，好不容易清除完一片灌木林，直起腰来准备享受一下完成了一项艰苦工作后的乐趣时，却猛然发现，不是这片树林，而是旁边那片树林才是需要他们去清除的！有多少人在工作中，就如同这些砍伐矮灌木的工人，常常只是埋头砍伐矮灌木，甚至没有意识到正在砍伐的并非是需要自己砍伐的那片树林。

这种看似忙忙碌碌，最后却发现自己背道而驰的情况是非常令人沮丧的，这也是许多效率低下，不懂得卓越工作方法的人最容易犯的错误，他们往往把大量的时间和精力浪费在了一些无用的事情上。

任何行动一定要有明确的目标，并有达成目标的计划。早上开始工作时，如果并不知道当天有什么样的工作要去做，就很容易像上面的伐木工人一样，把时间浪费在不该做的事情上。没有明确的目标，就不可能有切实的行动，更不可能获得实际的结果。有目标才能减少干扰，把自己的精力放在最重要的事情上。优秀员工每天进办公室的第一件事，就应该是计划好当天的工作。

成功人士最明显的特征就是，在做事之前就清楚地知道自己要达到一个什么样的目的，清楚为了达到这样的目的，哪些事是必需的，哪些事往往看

起来必不可少，其实是无足轻重的。他们总是在一开始时就怀有最终目标，因而总是能事半功倍，能卓越而高效。

成功人士不但一开始就怀有准确清晰的目标，而且他们的目标都非常具体，他们不订"进度表"，而是列"工作表"，比较大或长期的工作会拆散开来，分成几个小事项。他们经常用长跑中的"分段法"，把很长的距离分成几个小段，每一段都有一个标志性的事物，它可以是一份报告的问世，也可以是设计图的完成，哪怕仅仅是为后花园增添了一种花，也是在成功路上留下了脚印。

目标定位是一项综合效应。一个人在择定主攻目标时，必须权衡自己的主客观条件，即自己的文化程度、智力水平、兴趣爱好、职业状况、自身素质的高与低，时间的充裕程度和社会的需求，时代的大环境，单位、家庭的小环境。权衡长短利弊之后，再确定长期大目标和近期小目标。

人的目标确立若要做到科学、准确，就须及时地捕捉足够的信息。选择奋斗目标时，必须首先了解主体与客体，即自己最佳的才能、性格气质、思维特征、中心兴趣以及社会需求、本职工作、成才环境等多种因素。

1. 主体因素

要了解自己的最佳才能。每个人都会集多种才能于一身，但是有最佳、较佳和一般才能之别。人才中，根据不同特质，可分为创造型、发现型、再现型。创造型人才的洞察力之敏锐，想象力之丰富，较常人要棋高一着，他们往往是科学技术上的重大发现和重大发明的开创者。而发现型人才有较强的驾驭知识的能力，他们善于积累和运用已有的东西，通过深钻细研而有所发现。再现型人才则善于积累、梳理知识。他们能为积淀文化做出贡献。

要根据自身的利弊长短选择目标，为自己进行准确的定位。

2. 客观条件

一个人在调整与确定成功目标时，务必要顺应时代潮流，把握历史趋势，积极服务社会需要。要了解在当代社会的发展中，什么领域，什么类型，什么层次的人才最为急需。有人提出："冷门"成才。实际上，"冷门"是该领域的"空白区"，尚未开垦的处女地，亟待问津的新领地。你时时以社会需要为自己的目标定位，还要参照自己的本职工作、经济状况、环境氛围等多种条件。这样，步入成功之巅的希望就大得多。

已有职业的人，选择主攻目标最好是联系本职工作的学科和相近的学科。

因为在职者可利用的业余时间总是有限的，目标与职业结合起来，更利于充分调度自己的精力。当然，也有人在职业之外的爱好上，取得突破的，最终是在业余爱好的领域做出比职业工作更突出的贡献。有的人因此而更换主业，成为另一领域的出类拔萃者。

结合本职工作择定目标，更有明显的优势。人生而自由，却又无处不在枷锁之中。有时，人们会身不由己，定位在某一职业岗位上。这时，你是好好干，尽力发挥自己的才能，还是消极应付，做一天和尚撞一天钟？你每干一份工作，都将"眼前的事先做好"，不管走到哪里，绝不会三心二意，或者得过且过。你要非常努力，把眼前的工作做好，充分展示自己的才能，如果你总认为今天的工作不是你想做的，等有了更合适的工作再说，那别人怎么来发现你的才能呢？一个人很多时候对将来的认识是有限的，看不到那么远，却以为能为自己的一辈子作规划，所以常常判断失误。挑选太精反而放弃了真正适合自己发展的机会。

我们要使自己成为一个目标明确的人必须要注意下列几点：

1. 了解自己的优点和缺点

制片人伍迪·艾伦说："无论我在做什么，我都喜欢做那些自己还没有做的事。"虽然他未必喜欢他的职业的每个方面，但他制作了很多影片并乐在其中，他的确是个优秀的制片人。通常人们愿意做自己擅长的事情，而且会精神饱满全力以赴。但如果你对自己的优缺点有清楚的认识，明白自己能做到哪种程度，那你就会目的明确地利用你的时间和精力，效果就会更加显著。

2. 明白任务的重点

一旦明白你为什么而生活，也就很容易计划出该做什么和什么时候去做。《瓦尔登湖》的作者亨利·戴维·梭罗说："一个人在这个世界上不可能事事都做，只能做一些事情罢了。"这意味着你得知道重点何在，并努力地去做。

3. 学会说"不"

有目的性的人应该学会怎样说"不"。对有些人而言，这可是相当困难的，所以对任何事他们都倾向说"行"。然而，面面俱到则会一事无成。如果你想做好每一件事情，那你在工作中是不可能取得什么辉煌成绩的。

4. 要大小结合，长短结合

既要设定长远目标、大目标，又要设定短期目标、小目标。成功就是每天进步一点点。一般而言，短期目标、小目标比较容易实现，实现目标能增加自己冲刺下一个目标的信心和动力。实现了所有的短期目标、小目标，长远目标、大目标自然也就实现了。

执着专注于你的目标

狼群之所以可怕，就是因为它们一旦锁定目标，即不受任何干扰，每一只狼都一往无前地专注于这个目标，奋不顾身地扑向这个目标。看看猎人王涛的经历，就知道狼有多么专注于目标。

9岁那年，我跟小伙伴们去青冈泡捡野鸭蛋。我脱光衣服，钻进苇塘，立即就看到好多好多的野鸭蛋，很是兴奋，只顾一个劲儿地往里走。走着走着就发现和我一同钻进苇塘的那些小伙伴全不见了。我着急了，向四周大声呼喊，也没有回答。四处全是苇草，我不知从哪能游出去，我迷路了。以前听奶奶给我讲过，进了苇塘，如果迷了路，是十分危险的，有时一天都游不出来，不是被野兽吃掉就是被冻死。

正在我六神无主不知所措时，突然听到远处有哗哗的水声响，我连忙蹲下身子向声音望去。进过苇塘的人都有这样的经验，在长满苇草的水面上，如果你站起来，视野只能看到你眼前的近处景物，但是如果你蹲下身子，让眼睛的视平线贴在苇草上面，就能看到较远的地方。我发现在远处有一个很像狗的脑袋向我所在的方向游过来。我马上就意识到，这是只狼。我没有动，只把身子又悄悄向水下潜去。狼越游越近，离我只有1丈多远。这时已是夕阳西下，苇塘上荡起紫红色的波光，特别美丽。我恐慌地没有心情去观赏夕阳的美景，只是紧张地盯着那个顶着银辉的黑色大脑袋，眼看它向我越逼越近。我用苇叶把脑袋遮盖起来，身体游到水下。我知道在苇塘里，因为浓重的水腥味，可以掩盖住人体的气味，只要狼看不见我，我就有可能逢凶化吉。

我顺着苇叶的空隙仔细观察狼的动静。只见狼游着游着突然站了起来，然后又慢慢地往下蹲，让身子一点一点沉到水里，只在水面上露出一个头来；这个黑脑袋在水面上向四处转了转后，也慢慢沉下去，最后水面上只露出它的鼻子。我感到奇怪，狼钻到水里面干什么，不一会儿，就听到远处传来水鸭子的叫声，接着就是鸭掌击水的哗哗声。不多时，在光影下，出现了一只母鸭，随后跟着五六只小野鸭。鸭子们浑然不知前面还有一个可怕的埋伏和致命的危险在等待着它们，鸭子们奔波了一天，就要回到温馨的家中，它们的叫声透着欢快和幸福。突然，一声惨叫惊破了天空，未等声音下落，只见水面就像喷泉一样激出一股强大的水浪，那个隐藏在水下的狼蹿起在半空中，说时迟那时快，可怜的鸭子们还没等弄清是怎么回事，就有一个倒霉蛋被狼叼在了嘴里。其他鸭子见状，惊慌地四处逃散，飞了起来。那只狼哪里肯善罢甘休，又猛地向水面上蹿出三四米，连续叼了几只野鸭，才满足地游走了。

专注持久，事业有成；朝三暮四，失败影随。有一位父亲带着三个孩子，到沙漠上去猎杀骆驼。

他们到达了目的地。

父亲问老大："你看到什么呢？"

老大回答："我看到了猎枪、骆驼，以及一望无际的沙漠。"

父亲摇头说："不对。"

父亲以相同的问题问老二。

老二回答："我看到了爸爸、大哥、弟弟、猎枪、骆驼，还有一望无际的沙漠。"

父亲又摇头说："不对。"

父亲又以相同的问题问老三。

老三回答："我只看到骆驼。"

父亲高兴地点头说："答对了！"

这个故事告诉我们，目标确立之后，就必须心无旁骛，集中全部的精力，注视目标，并朝目标勇敢迈进，这是走向成功的第一步。

只要你能像狼族一样，专注于自己的工作，自己的岗位，你会发现，你的收获比你期望的要多很多。

有一次，一个青年苦恼地对昆虫学家法布尔说："我不知疲倦地把自己的全部精力都用在我爱好的事业上，结果却收效甚微。"

法布尔赞许说："看来你是位献身科学的有志青年。"

这位青年说："是啊，我爱科学，可我也爱文学，对音乐和美术我也感兴趣。

我把时间全都用上了。"

法布尔从口袋里掏出一块放大镜说:"把你的精力集中到一个焦点上试试,就像这块凸透镜一样。"

马克思认为,研究学问,必须在某处突破一点。歌德曾这样劝告他的学生:"一个人不能骑两匹马,骑上这匹,就要丢掉那匹,聪明人会把凡是分散精力的要求置之度外,只专心致志地去学一门,学一门就要把它学好。"

凡是大学者、科学家,无一不是"聚焦"成功的。就拿法布尔来说,他为了观察昆虫的习性,常达到废寝忘食的地步。有一天,他大清早就俯在一块石头旁。几个村妇早晨去摘葡萄时看见法布尔,到黄昏收工时,她们仍然看到他伏在那儿,她们实在不明白:"他花一天工夫,怎么就只看着一块石头,简直中了邪!"其实,为了观察昆虫的习性,法布尔不知花去了多少个这样的日日夜夜。

一个成功的人一定能够把他自己完全沉浸在工作里,此外没有别的秘诀。因为专注,我们会对自己的目标产生虔敬之意。

福威尔·伯克斯顿把自己的成功归因于勤奋和对某个目标持之以恒的毅力。在追求某个目标时,他从来都是全身心地投入。正是对自身奋斗目标的清楚认识和执着追求,造就了他最后的成功。正如人们所说的,持之以恒,锲而不舍,则百事可为;用心浮躁,浅尝辄止,则一事无成。

如果没有针尖或刀刃,那么针或刀都无法发挥作用。在生活中,能够克服艰难险阻,最后顺利到达成就巅峰的人,也必是那些能够在某一领域学有所专、研有所精,因而有着刀刃般锐利锋芒的人。

著名的物理学家和化学家居里夫人有着非凡的注意力。她小时候读书很专心,完全不知道周围发生的一切,即使别的孩子为了跟她开玩笑,故意发出各种使人不堪忍受的喧哗,都不能把她的注意力从书本上移开。有一次,她的几个姊妹恶作剧,用6把椅子在她身后造了一座不稳定的三脚架。她由于在认真看书,一点也没有发现头顶上的危险。突然,"木塔"轰然倒塌,引起周围的孩子们的哄笑。至于科学家牛顿把怀表当鸡蛋煮;黑格尔一次思考问题,在同一地方站了一天一夜;爱因斯坦看书入了迷,把一张价值1500美元的支票当书笺丢掉了等轶事,都无不证明注意力高度集中是这些伟大人物成功的法宝。

化学家告诉我们,如果把一英亩草地所具有的全部能量聚集在蒸汽机的活塞杆上，那么它所产生的动力足以推动世界上所有的磨粉机和蒸汽机。但是，因为这种能量是分散存在的，所以从科学的角度来说，它基本上毫无价值可言。这也说明，能量一旦聚焦于一点，将会产生多么大的动力。

从千百万个成功者身上，我们可以发现一个共同的事实，他们几乎都是从自己的兴趣、特长起步；果断进行自己的战略决策，明确自己的主攻目标，再"缩小包围圈"，向此目标步步逼近，最后终于一举成功。

工作中，大多数人在做一件事时，头脑里都会想着另一件事。注意力不集中往往会使人产生错位的观念，做出错误的决定，因而无法干好当前的工作。

爱迪生说过，高效工作的第一要素就是专注。他说："能够将你的身体和心智的能量，锲而不舍地运用在同一个问题上而不感到厌倦的能力就是专注。对于大多数人来说，每天都要做许多事，而我只做一件事。如果一个人将他的时间和精力都用在一个方向、一个目标上，他就会成功。"

法国文豪大仲马一生所创作的作品高达 1200 部之多。这个数字，几乎是萧伯纳、史蒂芬等名作家的 10 倍。对于有些作家来说，这根本是不可能的任务。那么大仲马是怎样做到的呢？

哲学家亚当斯曾经说过一句话："再大的学问，也不如聚精会神来得有用。"这句话，正是大仲马的最佳写照。他总是聚精会神地专注于写作上，只要一提起笔，就会忘记吃饭这件事，就连朋友找他，他也不愿放下手上的笔，他总是将左手抬起来，打个手势以表示招呼之意，右手却仍然继续写着。

然而，斯坦福大学提出的研究报告令人不容乐观：大多数的人们花了一个钟头当中的 58 分钟来思考过去及预期未来，而只有两分钟的时间是用来专注于当下的工作。在以追求效益为己任的现代社会，思想飘荡、缺乏效率的做法是绝对没有生存空间的。

所以，你需要有意识地清除头脑中分散注意力、产生压力的想法，使你的思维完全进入眼前的工作状态。此外，还需要把你的注意力集中在最需要你关注的事情上来。这样做的目的只有一个，那就是促使工作更有效率，尽快实现工作目标。

专注，已经成为一个人成功的决定性因素。心无旁骛，锁定目标，坚持不懈，是人类需要从狼身上学习的一个重要素质。目标一经确立之后，就要心无旁骛，集中全部的精力，勇往迈进。

第二章

不断学习，发现机遇

狼的学习精神是所有动物中最突出的，它们总是在不停地学习。当狼面对充满危机的生存环境时，不断地学习可以弥补这种变化可能带来的伤害。

不停学习，立于不败之地

狼不是靠它生下来就拥有的能力生存，而是靠从自然界中的每一种事物及其他动物身上学习更多的捕猎技巧获得生存。

长年在阿拉斯加进行研究工作的莫尔·斯蒂芬教授，讲述了一件足以验证狼群具有极强烈好奇心的故事。

那时他正在寒冷的原野外，奔波于不同的观测站，进行资料搜集的工作。当他从雪橇上下来，准备开始搜集资料时，一阵强烈的被"跟踪"的感觉突然地涌上心头。当他缓缓地转过身之后，恐惧感从头顶直窜脚底，吓得浑身发颤。

他发现身后的一小片树林中，有五六只野狼正在凝视着他。他仍然记得，当银灰色的狼群融入周遭景物与纷降的白雪之中时，那情景是美丽得多么令人震惊、令人畏惧。它们寸步不移，而他，则是动弹不得。最后，当他缓慢地重新跨上雪车驶离现场之后，他回头张望狼群，发现它们仍旧站立原处，凝视着他的离去。

过了一段时间，飞驰过好几英里的路途之后，他停在另一个观测站前，开始进行该处的资料搜集工作。就在此时，他又一次感受到同样的感觉而震惊得动弹不得。当他转过头往后看时，清楚地看到它们就如同一群灰色的鬼魂，正以凝望的眼神勾引着他的心神。

当天，同样的过程不断地重现再重现，直到他结束工作，返回基地帐篷为止。他说，他已经习惯了这种情形，也能预期狼群会跟随他的移动。不过，直到后来，他才知道狼群很清楚野外的世界是它们的世界，而帐篷内的世界，则是他的世界。

要想在职场中立于不败之地，只有像狼一样不断地学习，学习一切新鲜的知识。

在犹太人家庭里，负责启蒙教育的父母都会问孩子这样一个问题："一旦有一天你的房子被烧掉了，你的财产被敌人掠夺了，那么你剩下的还有什么宝贵的东西呢？"当孩子不能给出正确的答案时，他们会进一步追问："有一种没有形状、没有颜色、没有气味的东西，它就是你要带走的东西，你知道是什么吗？""大概是水吧。"孩子们不太肯定地回答。"它和水很像，都是人类维持生命所必需的东西，它就是知识。"父母们很严肃地回答，"而且你一旦获得了某种知识，任何人都抢不走，只要你还活着，这宝贵的财富就会永远跟随着你。"

犹太人在历史上经历了太多的苦难，但这个种族依然顽强地生存到现在，并且产生了许多闻名于世的伟大人物，这正是因为犹太人懂得"知识就是力量"的道理。当他们的孩子刚刚懂事，母亲们就会将蜂蜜滴在书上，让孩子舔书上的蜂蜜，她们想告诉孩子：书是甜的。他们懂得知识的重要作用，让孩子从小就产生对知识的渴望。

既然知识是可以改变一切的伟大力量，那么人们要怎样才能获得这种力量呢？学习，坚持不懈地学习。人的一切知识都是从学习中得来的。一个人从出生到这个世界上就开始学习，学习说话，学习走路，学习做事，学习一切。如果不学习，他就不可能成为一个健全的人。歌德曾经说："人不是靠他生下来拥有一切的，而是靠他从学习中得到的一切来造就自己。"

许多人由于各种条件的限制，没有接受过高等教育，有些人甚至连最基本的教育都没有受过，但他们通过自觉学习，最终成为某方面的权威或有影响的人物。其实，人的一生就是一个学习的过程。即使你没有意识到，你也是一直在生活中、在工作中学习。但这种被动的学习效果肯定不会明显。如果你自己有这方面的意识，激发自己的潜能，不断地从各种事物中学习，你

就能一直保持强大的竞争力。

　　在竞争越来越激烈的今天，你可以在很多方面平平庸庸，但你必须至少在某一个方面很出色，你才可能成为企业中不可替代的人，即使遇上裁员"风暴"也能处变不惊。

　　老板喜欢的，不是那些什么都会一点儿，却又什么都做不好的员工。如果一个人能胜任的事是任何人都可以做的，那就意味着无论什么时候什么人都可以顶替他。要想不被代替，你就要有一门独家绝技。你有的资源别人没有，这就是你在职场存在的理由，也是你能够安身立命的资本。

　　那我们如何才能成为那个不可或缺的人呢？最重要的一点就是不断学习。

　　微软招聘时，颇为青睐一种"聪明人"。这种"聪明人"，并非在招聘时就已是某一方面的专家，而是一个积极进取的"学习快手"，一个能在短时间内，主动学习更多的有关工作范围内的专业知识的人，一个不单纯依赖公司培训，主动提高自身技能的人。

　　现在的机构对于缺乏学习意愿的人是很无情的，员工必须负责增进自己的工作技能，否则就会被抛在后头。时代在发展，如果不定期充电，转眼之间就会被时代淘汰。主管固然能够鼓励你努力成长，但是最后还是要你自己激发学习的意愿，才能够吸收到所需的专业知识，你的知识越丰富，你的价值也就越高。

　　你在学习过程中所体现的积极进取和较强的接受能力是上司非常看重的。因为随着新知识、新技能的出现，固有知识、技能折旧得越来越快，老板看重的是学习能力强的人。如果沉溺在对昔日和现在表现的自满当中，学习以及适应能力的发展便会受到阻碍。不管你多么成功，你都要对职业生涯的成长不断投注心力，不这么做工作表现自然无法突破，终将陷入停滞，甚至是倒退状态。

　　样样都占据优势是不现实的，主动学习也需要从实际出发。需要扬长避短。在工作中，你最擅长做什么？找到自己最擅长的领域后，就应该时时关注这个领域的最新技术，或者通过企业培训，或者自己充电，始终保持自己的强项和领先地位。

　　未来的职场竞争将不再是知识与专业技能的竞争，而是学习能力的竞争，一个人如果善于学习、乐于不断学习，他的前途将会一片光明。

　　当然，在职场上奋斗的人的学习有别于学校学生的学习，因为缺少充裕的时间和心无杂念的专注，以及专职的传授人员。所以积极主动地学习变得尤为重要。下面我们为大家提供几种适用于职场的学习方法：

1．在工作中学习

工作是任何职业人员的第一课堂，要想在当今竞争激烈的商业环境中胜出，就必须学习从工作中吸取经验，探寻智慧的启发，获取有助于提升效率的资讯。

年轻的彼得·詹宁斯是美国 ABC 晚间新闻当红主播，他没有上过大学，只好把事业作为他的教育课堂。他当了 3 年主播后，毅然决定辞去人人艳羡的主播职位，到新闻第一线去磨炼，干起记者的工作。他在美国国内报道了许多不同路线的新闻，并且成为美国电视网第一个常驻中东的特派员，后来他搬到伦敦，成为欧洲地区的特派员。经过这些历练后，他重又回到 ABC 主播台的位置。此时，他已由一个初出茅庐的年轻小伙子成长为一名成熟稳健又广受欢迎的记者。

通过在工作中不断学习，你可以避免因无知滋生出自满，进而影响你的职业生涯。不论是在职业生涯的哪个阶段，学习的脚步都不能稍有停歇，要把工作视为学习的殿堂。你的知识对于所服务的公司而言可能是很有价值的宝库，所以你要好好自我监督，别让自己的技能落在时代后头。

2．争取培训的机会

很多公司都有自己完备的员工培训体系，培训的投资一般由公司作为人力资源开发的成本开支。而且公司培训的内容与工作紧密相关，所以争取成为公司的培训对象是十分必要的，为此你要了解公司的培训计划，如周期、人员数量、时间的长短，还要了解公司的培训对象有什么条件，是注重资历还是潜力，是关注现在还是关注将来。如果你觉得自己完全符合条件，就应该主动向老板提出申请，表达渴望学习、积极进取的愿望。老板对于这样的员工是非常欢迎的，同时技能的增长也是你升迁的保障。

3．注意自修，补抢先机

在公司不能满足自己的培训要求时，也不要闲下来，可以自掏腰包接受"再教育"。当然首选应是与工作密切相关的科目，还可以考虑一些热门的项目或自己感兴趣的科目，这类培训更多意义上被当作一种"补品"，在以后的职场中会增加你的"分量"。

未来的职场竞争将不再是知识与专业技能的竞争，而是学习能力的竞争，一个人如果善于学习，他必能为自己赢得一个光明的前途。

成功的人有千千万万，促成他们成功的因素也有很多，其中一定有时刻保持危机感而不断学习、不停"充电"。如果一个人停止了学习，用时下流行的话来说就是"充电"，那么你很快就会"没电"，会被社会所抛弃。养成学习的习惯，你离成功就不远了。

在网络信息技术日益升温的今天，你如果不每天学习，不断充电，那么很快就会落伍。因此，无论在何时何地，每一个现代人都不要忘记给自己充电。只有那些随时充实自己，为自己奠定雄厚基础的人才能在激烈竞争的环境中生存下去。青年人更应如此，用学习来武装自己的头脑，充实自己的生活。

你应该用何种态度来对待你打算从事一生的工作呢？如果因为目前的工作进行得很顺利就感到很放心，每天优哉游哉地过安稳日子，那么目前的情形就不一定能维持很久了。而且，你离失败也许不远了。"学如逆水行舟，不进则退"就是这个道理。

与此相反，如果能将这份工作当作一生的事业而埋头苦干，不断进取、不断创造新的东西，"活到老学到老"，那么你的进步一定是无止境的。你就能日日以清新愉快的心情去做自己的工作。你不会觉得疲倦，当你有理想，而不至于失去它时，你的生活会是多姿多彩的，你的心情也会是轻松快乐的。

而且这种人对自己的工作有一股拿生命作赌注的热忱，他把自己的使命刻在心里，为了完成使命，甚至愿意舍命去完成。当然，这里所谓的舍命并非字面意义上的舍弃生命，而是指让自己强而有力地去努力工作，让生命发挥最大意义上的作用。只有不断地为自己"充电"，这种生命力才会更加强大，你的"能量"才会不断得到补充，才能让生命更有意义，让生活更加美好。只有不断进修才会更上一层楼。

成为一个学有所专的人

狼可以从自然界中的每一种事物中学习，而当它向某一种事物学习时，就会全神贯注，倾注全部精力与兴趣，并将其特长学到精通。狼族信奉：要学就要学到最好。

学习并不是盲目的，学习要有针对性地进行。学一种知识、一项技能就要把它学精、学透，有一技之长是你能够在强手如林的职场里站稳脚跟的资本。

一个人一生不了解的知识浩如烟海，全部掌握所有的知识是不可能的，过于贪多只会嚼不烂，本来想事事精通，最后却事事稀松。那么在学习的过程中就需要有所选择，有针对性地学习某一部分，或者某一方面，从而达到精通的地步。

一个人之所以出色，不是他懂得多，而是他掌握了最有用的东西！

现在的企业内部竞争激烈，尤其是在跨国集团的优秀企业当中，每个人都是优秀的人才，人人都在努力学习，想要在如此高素质、高竞争力的人群当中成为众人瞩目的明星，难度可想而知！

即使有超出常人的天赋和努力，想要在如此众多的优秀人物面前全面超越别人，也是不可能的。

那么怎样才能突出自己呢？那就是针对自己的强项进一步学习，在这一方面做到最好。

现代企业最需要的是专业人才，而不是全才，只要你在某一方面特别出色，就一定能获得更大的竞争优势。

史蒂夫是微软公司举足轻重的人物，但他在电脑方面并不是特别精通。可是比尔·盖茨却为他付出了一年数百万的薪金，很多人都表示不理解。

曾经有记者问过比尔·盖茨："史蒂夫先生不懂电脑，他为何能成为一个软件巨人？"

比尔·盖茨答道："史蒂夫确实不懂电脑，但他的外交语言和风度无与伦比。"说白了，外交就是史蒂夫的看家本领，微软的很多商务谈判都离不开他，他是世界上最优秀的谈判专家之一，为微软的软件销售、法律谈判做出了巨大的贡献，这一点是那些精通编程的工程师们望尘莫及的。

甚至至今为止，仍然无人能取代史蒂夫在微软的位置。

必须有专长这一点在员工来企业之前参加面试的时候就体现出来了，面试官对那些自称无所不能的人是不屑一顾的，因为这些人往往什么都懂一点点，却哪一样都拿不出手，而那些坦然承认自己不足，却能强调自己有某一方面专长或者优势的人反而会获得青睐。

要想有针对性地学习，突出自己的闪光点，有几个方面是需要注意的：

（1）切不可随大流，别人做什么你也做什么，那样只能让你的时间和才华浪费在无效率的学习和工作中。

（2）找出自己最擅长的东西，针对性地学习。首先要看清自己，要发挥自己原来的专长，把自己的专长做到更好，而不是拿自己的弱势去和别人的强势比拼。

（3）了解企业最需要的是什么类型的人才，学习一些对企业发展无用的知识，只是在做无用功，只有把自己的特长和企业的需要结合起来，才会找到自己需要学习的东西，也就是自己的闪光点。

作为企业里的优秀员工，本身就具备一定的竞争优势，如果再能百尺竿头更进一步，通过有针对性的学习来强化自己的优点，在某一方面做到独一无二，无可替代，那么就更加前途无量了。

记住：百招会不如一招精！

一个人无论从事何种职业，都应该尽心尽责，尽自己的最大努力，求得不断地进步。这不仅是工作的原则，也是人生的原则。如果没有了职责和理想，生命就会变得毫无意义。无论你身居何处（即使在贫穷困苦的环境中），如果能全身心投入工作，最后就会获得经济自由。那些取得成就的人，一定在某一特定领域里进行过坚持不懈的努力。

知道如何做好一件事，比对很多事情都懂一点皮毛要强得多。在得克萨斯州一所学校作演讲时，一位总统对学生们说："比其他事情更重要的是，你们需要知道怎样将一件事情做好。与其他有能力做这件事的人相比，如果你能做得更好，那么，你就永远不会失业。"

许多人都曾为一个问题而困惑不解：明明自己比他人更有能力，但是成就却远远落后于他人。不要疑惑，不要抱怨，而应该先问问自己一些问题：

（1）自己是否真的走在前进的道路上？

（2）自己是否像画家仔细研究画布一样，仔细研究职业领域的各个细节问题？

（3）为了增加自己的知识面，或者为了给你的老板创造更多的价值，你认真阅读过专业方面的书籍吗？

（4）在自己的工作领域你是否做到了尽职尽责？

如果你对这些问题无法做出肯定的回答，那么这就是你无法取胜的原因。

如果一件事情是正确的，那么就大胆而尽职地去做吧！如果它是错误的，就干脆别动手。

无论从事什么职业，都应该精通它。让这句话成为你的座右铭吧！下决心掌握自己职业领域的所有问题，使自己变得比他人更精通。如果你是工作方面的行家里手，精通自己的全部业务，就能赢得良好的声誉，也就拥有了一种潜在成功的秘密武器。

某人就个人努力与成功之间的关系请教一位伟人："你是如何完成如此多的工作的？"

"我在一段时间内只会集中精力做一件事，但我会彻底做好它。"

如果你对自己的工作没有做好充分的准备，又怎能因自己的失败而责怪他人、责怪社会呢？现在，最需要做到的就是"精通"二字。

一个人精通一件事，哪怕是一项微不足道的技艺，只要他做得比所有人都好，那么他也能获得丰厚的奖赏。如果他集中精力，坚忍不拔，将这门微不足道的技艺练得异常精湛，他也将有益于社会并为此得到报偿。

精业的本质就在于你不断完善专业技能，达到艺术境界。

你在工作中要时时刻刻问自己："还能改进吗？还能再改进吗？还能再完善吗？"你要练就自己完美的专业技能，这是你作为职员的本分。因为你要知道无论从事什么行业，要想在该行业中站稳脚跟、做出一番成就，就必须具备精湛的专业技能，并且还要以精益求精的态度不断提高自己的专业技能水平。

同样是扫地。你用扫帚扫一下是扫地；你扫完以后，再擦地，也是扫地，拖完地，再打蜡也是扫地，但是效果却是非常不同的，要做就做第三个扫地的人。从现在起就要注意细节的培养，把细节当成习惯，你就是一个精业的员工，不会被老板炒鱿鱼的员工。

要知道细节决定着一个人的成败，这丝毫不危言耸听。如果一个人做事只从大处着眼，自以为在掌控全局，而忽略细节或者对细节问题毫不在意，那么我们就不要对他抱有太大的希望，因为他根本就没有成功的可能。

老板想要的就是精业的员工。员工是你一生所扮演的众多角色中一个角色，那么你就要好好地去扮演这个角色。把"做一个精业的员工"作为自己的座右铭，不断地激励自己去提高自身素质。从细节做起，从现在的工作做起，

学会用心去做自己的工作，把自己当作是乐队的指挥，去把工作当作你的艺术作品去完成。

记住：掌握完美的技能就是精业，你的本分就是掌握完美的技能，追求尽善尽美！

把握一切学习机会

只要有学习的机会，狼就不会轻易错过。它们向自己的同伴学习，从前辈那里传承经验，甚至在玩耍嬉戏间也能够学习。

懂得抓住机会学习的员工，是懂得职场中生存之道的员工，他们知道员工的能力是企业发展的动力，员工有责任不断提高自己的业务能力，这是企业快速发展的重要保证。没有哪一种能力是万能的，可以适用于各种职业。每一位员工必须清楚自己所必须具备的能力，以及促使自己表现非凡的能力。一个刚刚从学校毕业的新职员往往比那些懒于学习的老职员更受老板欢迎，同样如果他在工作中不勤于学习，那么他也会被拥有最新知识的人所取代。所以，要想在职场中站稳脚跟，必须认真地对待工作，在工作中总结经验，学习最新的知识，并把它应用于工作中，这样你才能不断地获得成长，为自己规划出理想的职业生涯。

在一个公平的社会里，有人之所以获得重要角色，是因为他们已经具备必要的能力，假如你的职业生涯计划包括工作升迁，就要有胜任新工作的能力和能够迅速取得新能力的方法。为取得新的能力，你必须丰富一些个人的成长经验。

聪明的员工会掌握每个机会学习、发展技能以及寻求挑战的任务。与其依赖公司或是全凭运气，不如想办法照顾自己。

一位在职攻读机械学专业的飞机技师克里斯总结上述的观点说："虽然我的工作不能说十分稳定，但是我希望这份训练能帮助我在这里待得久一点；如果不能，它也能帮助我找到另一份工作。"他因为能控制自己部分的前途而减低了对未来的恐惧。

一个优秀人才必须具备学习潜力，只有不断地学习，我们才能不断地超越自我。

1．向古人学习

孔子告诉我们：学而不思则罔，思而不学则殆。一个人要不断地学，不断地想，不断地做。很多人都不愿意去向古人学习，认为古代的东西已经远远不适应今天的社会了。其实这是大错特错的，以历史为镜子是最好不过的。通过学习古人可以让我们在做人、做事、学习等方面都积累丰富的例子和经验，少走很多的弯路。

就拿《三国演义》中的司马懿来说吧。他一开始也就是做些抄抄写写的小官员，虽然他后来的官位升到了丞相府主簿，也只是作为谋士提出过两次重要的计策，一是在取下汉中后劝曹操乘势进攻刘备立足未稳的西川，二是献计联合东吴共同对付得到汉中的刘备。这两个计策曹操只用了后者，就这一下使得西蜀大将关羽丧命，所以说关羽是间接死于司马懿之手。

这两个建议就可以看出司马懿的真正能力绝不是只能做一个普通的谋士。到后来孟达响应诸葛亮北伐时，身为荆州都督的司马懿才有了第一次带兵作战的机会。这一仗打得十分利落，使他在魏明帝曹睿心中的地位有了很大的提升。在魏都督曹真病逝后，司马懿继任成为魏都督，他终于有了和诸葛亮亲自交锋的机会。

在与诸葛亮的交锋中，司马懿采取的战术很清楚，这就是坚守不战，即使他受到了诸葛亮的种种侮辱。司马懿此时很好地发挥了他能"屈"的长处，终于拖死了诸葛亮。之后他又"伸"了，带兵平定了魏乐浪公公孙渊的反叛，就这样他在魏明帝心中的地位上升到了极点。但魏明帝一死，执政的曹爽根本不给司马懿机会，于是司马懿又"屈"了下去。正是"君子报仇，十年不晚"，从魏明帝病逝到著名的"高平陵事件"，正好是十年，司马懿果断消灭了曹爽的势力，开始了以晋代魏的历史进程。

看着这些，你也许会有所感悟，即使在今天司马懿也会成为有作为的人。平时多看看古书，学习做人、做事的道理和原则，会对你的事业有帮助的，最起码能使自己获得老板的信任和器重，让自己站起来。

2．向老板学习

一个好上司会让你受益无穷。

每个人都会有自己崇拜的对象。我们愿意崇拜和学习那些离我们遥远的伟人，却往往忽略了近在身边的智者，这一点在工作中体现得尤其充分。也许是出于嫉妒，也许是由于利益的冲突，我们忽视了那些每天都在督促我们工作的老板和上司——那些最值得学习的人。他们之所以成为管理者，必然有我们所不具备的优势。聪明人应该时刻研究他们的一言一行，了解作为一名管理者所应该具备的知识和经验。只有这样，我们才有可能获得提升，才有可能在自己独立创业时做得更好。

传统社会人们对这一点认识非常清楚，弟子长时间跟随着师父，学徒耐心地向工匠学习，学生借着协助教授做研究而提高，刚刚入门的艺人花费时间和卓有成就的艺术家相处，这些都是借着协助与模仿来观察成功者的做事方式。大工业化生产破坏了这种学徒关系，也破坏了老板与雇员之间的这种学习关系，雇员与老板之间逐渐变成了矛盾对立的利益体。在一些错误的观点的蒙蔽下，许多人甚至因此丧失了学习能力。

不惜代价为杰出的成功人士工作，寻找种种借口和他们共处，目的就是为了能多向他们学习。留心老板的一言一行，一举一动，观察他们处理事情的方法，你就会发现，他们有着与普通人的不同之处。如果你能做得和他们一样好，甚至做得更好，你就有机会获得晋升。

优秀的人并不一定是有钱人，而是那些在人格、品行、学问、道德上都胜一筹的人。与他们交往，你能吸收到各种对自己生命有益的养分，可以提升自己的理想，可以鼓励你追求高尚的事物，可以使你对事业付出更大的努力。

错过了一个与能够给我们以教益的人交往的机会，实在是一种莫大的不幸。只有通过与优秀人交往，才可能擦去生命中粗糙的部分，才可以将自己琢磨成器。向一个能够激发我们生命潜能的人学习，其价值远胜于一次发财获利的机会——它能使我们的力量增加百倍。

除了自己的家人之外，老板是与自己接触最多的人，也是自己每天都面对的比自己优秀的人。千万不要错过向老板学习的机会。

3．在竞争中吸取经验

达尔文的进化论，得出了"物竞天择，适者生存"的重要结论。人在社会上要生存和发展就要优于自己的竞争对手，这是个很简单的道理。反过来某人若先于自己被提拔，这个人在某些方面必然优胜于自己，这是事实。

所以敢于竞争，擅于竞争，才能使自己在人群中脱颖而出，在事业发展上卓尔不群。

　　能否不断吸收知识、经验，决定了我们自身素质的好坏。因此，我们绝对不能忽略吸取经验与学习的重要性。同时，有一条我们最容易轻视的规律：从竞争中去吸取经验。竞争是包括智慧、体力、心理等的综合素质的较量。每个人在竞争中都会尽全力争取胜利，使出浑身本领抓住所有有利于自己的机会。因此，在竞争中最容易学习到别人的长处，吸取到别人最好的经验。很多人以为学习知识只是一个人的事，只要努力就足够了，殊不知更重要的是开阔视野，在同别人的竞争中充实自己。

　　有些人懂得这个道理，但是他们不喜欢同别人竞争，只想在安定的环境中过日子。可看到别人超越他们，取得一个个辉煌的成就时，他们又不甘心。如意大利人不喜欢被人视为竞争心很强，而且他们以拼命追求成功为耻。教育者尽量不让学生之间形成对照的情形，他们以评价的方式来取代分数。因为他们认为竞争是可耻的行为。

　　相反地，美国人认为竞争是有益的。他们主张每个人都应该为成功而奋斗，做得愈好的人，应该得到愈多的报酬与名誉。另一方面，美国人对公平的观念非常敏感，他们主张每个人都必须受到人道上的援助，但是任何人都不能免于竞争，在他们眼里，碌碌无为才是最可悲的。

　　善于吸取知识的人，主张靠竞争来获取成功，在竞争中提高自己，找到成功的途径。他们所盼望的竞争，是人人平等、公正、合理合法的竞争。

　　优秀的企业家主张这种竞争。他们学习各种高科技的尖端技术，用以提高产品的质量；他们运用各种先进的管理方式，用以提高员工的工作热情，改良生产效益；他们在千变万化的市场竞争中吸取别人成功的经验，加以移植、改良或创新，使自己的企业立于不败之地。作家、艺术家、科学家、政治家均是如此，他们把竞争作为吸取营养的手段，虚心学习，不断奋进。

一双巧手捕良机

　　难得一见的机遇之于狼族，就是生存的希望。错过机会不仅是饥饿，甚至是死亡。所以，自然界中很少有其他物种像狼一样拼尽全力抓住每一个机遇。

白天时，狼盯上一只黄羊，先不动它。一到天黑，黄羊就会找一个背风草厚的地方卧下睡觉。这会儿狼也抓不住它，黄羊睡了，可它的鼻子耳朵不睡，稍有动静，黄羊蹦起来就跑，狼也追不上。一晚上狼就是不动手，趴在不远的地方死等，等一夜，等到天亮了，黄羊憋了一夜尿，尿泡憋胀了，狼瞅准机会就冲上去猛追。黄羊跑起来撒不出尿，跑不了多远尿泡就会颠破，后腿抽筋，就跑不动了。这样一来，狼很轻松地就能将黄羊捕获。

狼是智慧的化身，在捕捉猎物时从不蛮干，而是善于利用机遇。它们知道，鲁莽草率地做出行动，即使有充沛的体力跑完所有草原高山森林沙漠，也很难达到自己的目的，捕到好的猎物。而等待时机，善用技巧，轻而易举就能实现愿望。在每次行动之前，狼都会考虑如何创造、发现及利用机遇。正因如此，狼几乎在每一次行动中都能如愿以偿地捕捉到猎物。

我们在工作中也应该学习狼群这种善于捕捉机遇主动出击的特点，合理运用策略，以确保计划的顺利实施。

旭日运动品公司希望尽快把新型"旭日"休闲装推向市场，营销员吉米却建议暂时不要推出新"旭日"。因为他得到消息，不久将会有一个体育用品博览会在本市召开，他们的竞争对手"天龙"肯定会参加，那时"旭日"以出其不意之势出现在博览会上，一定会取得意想不到的效果。

公司开会讨论后认为这个计划可行，便同意延迟推出新"旭日"的时间。于是大家都开始等待博览会的召开。然而等了两个星期，还是没有任何有关体育用品博览会的消息。大家不禁问吉米消息可靠不可靠。

吉米说他是从展览会负责人之一、好友汤姆处得知这一消息的，绝对不会错。这个博览会才刚刚进行筹措，公众对此还不知情。吉米为以防万一，又与汤姆联系了一次，问他博览会召开的日期是否已经确定。汤姆回答说，由于这次博览会规模很大，因此主办方在筹措时花的时间也很长，具体时间还无法确定，但是一定会召开的。他劝吉米再耐心等一段时间。

吉米把好友的话转告给大家，大家这才放了心，安心等待博览会的到来。然而一个月过去了，各种信息渠道还是没有关于博览会的一点消息。虽然营销部众人对吉米很信任，然而公司上层却坐不住了，他们严厉地批评了营销部经理华特，问他知不知道这些新款产品在公司里多放一天，公司就得损失多少利益。华特表示一定会尽快把新产品推向市场。

华特回到营销部后把公司上层的不满转达下来，并要求全体人员立刻行动，把新"旭日"由各专卖店推销出去。

吉米恳求华特再多等一个星期的时间，一个星期以后如果博览会还没有召开就立刻推出"旭日"。华特考虑了一下皱着眉头答应了。

结果等到第五天，便传来了本市要举办体育用品博览会的消息。机会终于就要到来了，营销部众人都做好了主动发动攻势的准备。

又过了两天，博览会正式举行，营销部立刻抓住这个机会主动出击，在第一时间将他们的新产品放到博览会上。每个来到博览会的人都首先被"旭日"新产品新颖美观的造型所吸引，并围在旁边惊叹地议论着。

结果博览会结束后，新"旭日"真的大放异彩，博得了行业专家的一致好评，他们与"天龙"一起被评为本届博览会最好的体育用品品牌。"旭日"立刻声名鹊起，各大媒体都争相报道了专家们对"旭日"的夸赞。"旭日"的身价成倍增长，成为在市场上与"天龙"并驾齐驱的品牌。

营销部众人在公司上层一再催促的情况下顶住了压力，坚持捕捉到最佳时机才出击，全力进攻，从而使夸克的优势在恰当时刻得到及时的体现，获得了最大的收效。而他们之所以能够取得这样的成功，是与对机遇的敏感和把握，以及在机遇出现时善于主动出击的能力分不开的。

狼群总是在战斗中占尽先机，使对手永远处于被动之势。这样，胜利的概率就总是掌握在自己手里。机会是成功的跳板。聪明的人不是等"好心人"送来机会，而是主动扑向机会，从机会中打捞自己想要的"黄金"。

提起卡西欧（CASIO），中国的许多消费者恐怕都知道它是日本一家大电子公司的产品牌号，卡西欧正是被日本人称为计算机之王的木坚尾四兄弟所创办的木坚尾计算机有限公司的产品。

木坚尾计算机有限公司创业之初是一个只有十几名员工、50万日元资金的小型企业。木坚尾四兄弟抱着"开发即经营"的思想，从1947年决定研究电子计算机，历经失败的磨难，到1955年才终于完成了"直列程式核对回路"计算机的设计。1956年木坚尾计算机有限公司才正式宣告成立，1957年12月举行了"卡西欧14-A型计算机"的发布会，终于有了自己的第一件产品。

不久，"卡西欧 14-A 型"以它独特的表示方式、较快的演算速度、简单合理的操作程序、自动累计功能等特点，赢得了顾客，木坚尾四兄弟的创业之路从此奠定了坚实的基础。

"14-A 型"诞生后，他们又先后开发出"14-B 型"和"301 型"计算机投放市场，取得了比较好的经营效果。这时木坚尾公司遇到了最强劲有力的竞争对手——声宝公司。1964 年由声宝公司推出的台式电子计算机，一鸣惊人，震惊世界，产品极为畅销，所向无敌，木坚尾公司的销售额急剧下降，库存日益增多。恰在这时，它与它的总代理内由洋行在如何改进销售上各持己见，导致最后的分道扬镳。

面对种种困难，木坚尾四兄弟没有屈服、气馁，他们在寻找对付声宝的秘密武器。最后，他们选择了继续开发新产品，并积蓄自己的力量，以此来对付声宝的竞争思路。他们专门成立了电子技术研究部，1965 年"卡西欧 81型"、"卡西欧电晶体计算机 001 型"先后问世，通过试销，受到了消费者的欢迎。试销的成功，增强了木坚尾公司上下的信心，鼓足了与声宝公司较量的勇气。

木坚尾公司始终没有放松新产品的开发。1964 年 7 月，他们按照国际商用规格开发新产品"卡西欧 101 型"计算机，使他们悄悄地叩开了国际市场的大门。尔后一发不可收，先后在英国、法国、意大利、西德、瑞士、澳大利亚成立了经销处，在瑞士专门成立了木坚尾公司驻欧洲办事处，世界上有 50 多个国家和地区销售卡西欧计算机。

谁笑在最后谁就笑得最甜，经过十余年的激烈竞争，到 1975 年，木坚尾公司以高质量、低价格为手段，打败了日本的数十家计算机公司。然而，市场经济时而风平浪静，时而波涛汹涌。1977 年，第二次竞争浪潮再次席卷木坚尾公司，营业额和利润呈直线下降趋势。木坚尾兄弟没有改变自己的竞争思路，随即开发出"迷你卡门"微型计算机，并以物美价廉取胜，短短 3 个月就售出 30 万台。木坚尾公司在竞争中又占有了优势地位。但他们并没有停止，不断开发出新产品销往各大洲，到 1984 年，木坚尾公司已拥有员工 2500 多人，资金达 1000 多亿日元，年销售额近 2000 亿日元，真正成为世界电子企业的"巨人"。

木坚尾公司善于发现机会，主动抓住机会，才使自己在激烈竞争中保持不败之地。

第三章

依靠团队，默契配合

　　狼是一种极善于团队合作、协同作战的动物，是所有群居动物中最有秩序、最有纪律的种群。它们的集体意识与协作精神远远胜于人类。常言道："恶虎难敌群狼"，"群狼能败狮"。可见，狼族群体作战具有何等威力。自然界的许多生物，包括人类在内，一旦触怒了狼群，或是被狼群锁定为目标，后果是相当可怕的，最终的胜利者大多是狼。

培养团队荣誉感

　　在狼的集体精神中，最精髓的部分就是它们的团队荣誉感。每一次捕猎、每一次战斗，以及每一次满载的收获，都会让狼群的每个成员充满自豪感，它们用此起彼伏的嚎叫来庆祝团体的胜利。

　　人生是需要有荣誉的，没有荣誉的人生，是黑漆漆的，无声无息地。有荣誉的人生，是高贵向上的；无荣誉的人生，是卑污低下的。人应该是理智、感情和品格发展到最高程度的动物，人不只要生存，而且要荣誉。荣誉也可说是人类的专利品。所以英国的诗人拜伦有两句诗道："情愿把光荣加冕在一天，也不情愿无声无息地过一世！"

　　荣誉就是正直的人的成就，就是甘美的报酬，就是加于廉洁无私的爱国者那思虑深重的头上或是胜利的勇士那饱经风霜的头上闪光的桂冠。

　　正直人的荣誉是我们刻在事物上的标记，正是这种无法涂抹的标记，决定了所有人、所有劳动的全部价值。我们都会相信正直的人，在人生丛林中，那些带着荣誉的正直人，意味着一种神圣的力量！

　　企业对荣誉的珍视，应该达到了痴迷的程度。为了集体的利益与荣誉，渺小的个人必须坚决遵守他们所制定的"荣誉守则"。在这个守则的条例里，没有谁能随意践踏这些比生命还宝贵的荣誉。这个荣誉守则对于培养员工的团队精神和凝聚力起到了不可估量的作用。

　　可以这样说，一个没有荣誉感的团队是没有希望的团队，一个没有荣誉感的士兵不会成为一名优秀的士兵。

　　军人视荣誉为生命，任何有损军人荣誉的语言和行为都应该绝对禁止。同样，如果一个员工对自己的工作有足够的荣誉感，以自己的工作为荣，他必定会焕发出无比的工作热情。每一个企业都应该对自己的员工进行荣誉感的教育，每一个员工都应该唤起对自己岗位的荣誉感。可以说，荣誉感是团队的灵魂。

　　要培养对集体的荣誉感，首先要求个人热爱组织，具备对组织的强烈归属感。

　　热爱组织是团队精神的基础和前提。只有热爱组织的人，才能产生与组织休戚相关、荣辱与共的真感情，真心实意地与组织同甘共苦，始终站在组织的立场克服个人利己思想，事事处处以组织利益为重。只有热爱组织的人，才能视组织声誉为生命，自觉维护组织的社会形象。

　　作为团队中的一分子，如果不融入这个群体中，总是独来独往，唯我独尊，必定会陷入自我的圈子里，自然无法体会也得不到友情、关爱和同事的尊重。一个具有独立个性的人，必须融入群体中去，才能促进自身发展。你要真诚平等地与人相处，对待每一个人，不管他是普通同事还是你的上司。你周围的每个人都可能对你的事业、前途产生关键性影响，不仅限于主管和公司高层。而且你的和善友好会给团队带来一股轻松快乐的气氛，可以使同事们感到愉快，从而提高士气。

　　凝聚力是对团队成员之间的关系而言的，表现为团队强烈的归属感和一体性，每个团队成员都能强烈感受到自己是团队当中的一分子，把个人工作和团队目标联系在一起，对团队表现出一种忠诚，对团队的业绩表现出一种荣誉感，对团队的成功表现出一种骄傲，对团队的困境表现出一种忧虑。

　　强烈的归属感可以改变一个企业并造就有才华的员工。艾德勒应聘到一家制衣公司，这家公司已经亏损达2000多万美元，公司连给员工发工资都很困难。艾德勒想，我既然来到了这个企业，就要为企业服务，我一定要设法把我的企业从困境中解救出来。这种强烈的归属感使他主动找到老板，两人一合计，觉得首先应该转产，因为一个企业的生命力在于其不断创新的产品。他们决定把生产成人服装改成适合儿童需求的特色服装，结果新服装上市后供不应求。艾德勒自然也在公司里站稳了脚跟，老板决定让他负责公司新产品开发的工作。

有些人并没有像艾德勒一样，他们对所在的企业缺乏强烈的归属感，总是不思进取、放任自流，只想回报，不愿付出。当企业出现困境时不想如何拯救企业，而总想另谋出路，脱离现有团队。这样的员工在自己的职业生涯中会走很多弯路，总找不到适合自己发展的空间。

要知道任何一个团体都有其特有的文化，一支球队有自己的比赛风格，一个民族有自己的民族性格，一支军队有自己的行事作风，一个企业有自己的核心价值观。作为一个卓越的团体，应该处处展示着他们特有的作风、士气、价值观与团体氛围。

寻根溯源，也许正是"荣誉、勇气、责任、诚信"这些精辟的核心价值观成就了一个优秀的企业。正是基于这样的理念，从骨子里才打造出了一个成功的团队；也许正是潜藏于核心价值观文化深处的热情、自信、正直、无私与爱，为整个团队带来了积极向上的精神。这些价值观在企业这个熔炉里，在一种极具包容性的氛围里，日积月累，渗透到每个队员的血液与骨髓，凝聚成团体的性格。也保障了它强大的战斗力，并生生不息，血脉相传。

核心价值观是团队的灵魂，没有核心价值观的团队也就没有了灵魂，没有灵魂的团队犹如行尸走肉，没有生气、没有活力、没有斗志，这一切都没有的团队注定没有一切！

明确的核心价值观是团队文化建设的中心，它不但能够树立鲜明的团队特色，增强凝聚力，更能够为整个团队的运作注入源源不断的动力。现代企业管理理念强调所有的企业都应有自己的核心价值观。但是，如何选择一个团队的核心价值观则要从团队的战略目标和实际情况出发。

核心价值观不是空谈，也不是招牌。它应该是整个团队一直以来珍藏在内心深处最真诚的理想，是整个团队愿意前赴后继去践行的信仰。而团队的成员也将深受核心价值观的影响，时刻受团队目标的召唤，用自己内心泉涌的使命感去完成任务，去体验来自团队成功的荣誉感。

消除误解，携手合作

我们知道，狼族并不仅仅依赖某种单一的交流方式，而是随意使用各种方法。它们不仅用嚎叫来传达信息，而且善于运用极其丰富的肢体语言来进行沟通，对狼族来说，沟通的艺术就是专注，它们对任何沟通形式都予以留意，特别是肢体语言。它们积极沟通以消除误解，从而才能更好地携手合作。

狼群中所有成员是非常团结的，但有时也难免发生一些摩擦。一次，某群体的头狼与一只擅长捕猎的贝塔狼因是否进行捕捉鹿群这一问题产生了矛盾。此后几天里，两只狼在路上相遇，彼此都不看一眼，甚至有意躲开对方。

但不久后的一次捕猎行动，使它们之间的小"疙瘩"化解开了。一天，头狼从一只欧米佳狼口中得知附近山林有一群麝香牛，对于狼来说，那将是一顿美餐。但捕捉麝香牛并非易事，只有强壮的狼才能更好地完成这个任务。而这个狼群中刚好缺乏这样的狼。

得知即将进攻麝香牛的消息后，那只与头狼发生矛盾的贝塔狼故意躲进山洞里，闭门不出。它知道头狼将要亲自来请它，便准备"摆摆谱"，拿捏一回。头狼果然亲自来山洞请它，而它却用舌头舔舔脚趾，示意头狼，它的脚趾最近不小心被荆棘划破了，无法参与捕猎活动。当然，它是在演戏。

头狼知道它在"演戏"，但由于眼下正缺少它这样的捕猎好手，便放下架子上前舔它的头，和它碰鼻子，示意与它和好，并再次请它"出山"。这时那贝塔狼才答应了头狼。

在职场的合作中，许多的误会、矛盾乃至冲突都源于人们沟通中存在着障碍。

有一个办公室起了火，主管对刚走到门口的员工说："快拿桶水来！"员工边走边想：水龙头在哪？水桶在哪？他终于想起不远处的食堂就有水桶。他盘算着，先拿桶，然后到最近的水龙头打水，这样最省力。他回头一看，不得了：办公室起火冒烟了！

原来，当主管发现火情，见到员工一来便马上要他去打水。主管脑子里想的事，员工是不知道的。员工直埋怨：早知道是灭火，附近就有灭火器，何必要跑到远处去拿水呢？

如果主管起初就对员工说："着火了，你赶紧给我拿水来灭火！"这位员工脑袋里就会想：要救火，赶紧！救火不一定非得用水呀！附近不是有灭火器吗？几分钟内，火警就会解除。

这是职场中典型的存在沟通障碍的例子。

为什么在日常工作中，许多人就某一问题进行探讨时，往往不是富有成效的交流而是出现互相谩骂、大声争吵甚至更糟糕的情况呢？

这是因为他们不是在讨论观点，而只是简单地表达观点，含含糊糊，笼笼统统，还想努力影响他人，使其同意自己的看法。这样一来，就注定他们的沟通不会成功。

不能有效沟通，就无法明白和体会对方的意思，就难以把要做的事做得顺利圆满，工作上就会出现障碍。

莎莎在一家外企工作。有一次，老板问她能不能做一个比较复杂的项目，她有些谦虚地说："我可能做不好。"她的言外之意是"可以让我试试"。莎莎满怀希望地等着这个项目，可第二天就有另一个同事做了。她很失望，在心里埋怨老板不给机会。

后来，有人告诉她，老板希望她自信，而不是谦虚。如果你回答"能"，那这个项目肯定是你的。莎莎很后悔。在这里，莎莎最大的失误就是没有与老板沟通好，没有表达出自己真实的意思。

在工作上，只有扫清沟通障碍，才能化解矛盾，澄清误解，达到目的。

代呑是一家公司的业务主管，即将晋升为部门经理。由于赏识她的总经理调离，换了新上司后，她的任命被耽搁了下来。

代呑暗中了解到，原来公司里有些人在造她和前总经理的谣，说前任总经理要提拔她，是因为她与前总经理有"一腿"。

这些谣言自然传到新来的总经理耳朵里，使得新上司对她不冷不热。代呑感到很委屈，可这事又不好直接向新上司挑明，唯有加强沟通才能消除

误解。

　　一天，代否利用午休时间主动和上司交流。闲聊之中，她把自己的经历和工作情况向上司做了汇报，并说明自己工作经验不足，涉世不深，希望上司多多批评指教。

　　这次交流以后，上司也特意留意了一下她，发现她确实是个不错的人才，对她的态度也有了改变。此后，每次与上司一起出差，她总会当着上司的面拨打家里的电话和男友的电话，告知自己的行踪，显示自己很在意家庭和男友的感情。

　　在有意无意地沟通中，上司觉得她并不是一个轻薄的女孩，行为举止得体大方，并且待人真诚，业务能力也强，便签发了对她的任命书。

　　人在职场，难免会遇到别人的误解。有的是他人造成的，有的则是自己不经意间造成的，对此绝不能采取消极的听之任之的态度，更不要以对抗的方式去面对，而是要通过沟通来解决。

　　通过沟通，不仅有助于消除别人对你的误会，更会加深别人对你的认识。

　　职场中的每一个人都必须突破沟通障碍，致力于建立正常的团队沟通，团队沟通解决好了，众人的智慧就真正调动起来了。

　　沟通不到位，就会使团队合作产生障碍。

　　品质管理大师戴明的"14点管理法则"之一为："消除部门与部门间的障碍。"为什么要消除障碍？因为企业是一个有机的系统，任何一个局部都在某种程度上对整体产生影响，因此，必须要讲团队精神和协作精神。怎样才能拆除障碍？答案是：不同的层次和职能之间有效的沟通。

　　沟通意识的培育是第一位的，沟通技巧是第二位的。沟通意识到位了，人人主动地进行沟通是水到渠成的事，在沟通中学习沟通，沟通技巧也就自然能不断提高了。在实际工作中存在着不少的误区，其根源还是在于沟通意识的不足。

　　有时人们会身陷沟通不畅的恶性循环而茫然不知。部门之间、员工之间沟通不畅带来的后果只有一个，那就是彼此间的误会、怀疑、猜忌和敌意，而这些又反过来增加了沟通的难度。如此循环反复，效率怎能提高？质量怎能保证？这就需要沟通。

　　一个人不能容忍另类思维也会阻碍沟通。其实，在追寻真理的过程中，我们在不断重复着"瞎子摸象"的游戏，也许你摸到了"墙"，我摸到了"绳子"，他摸到"柱子"，把这些整合起来，我们才能距真理更近一些，再近一些。怎样才能做到？还是需要沟通。

沟通受到障碍还源自沟通一方的不够谦虚。若不能摒弃"精英情结"，总认为自己见识高人一筹，能与人有效沟通吗？须知术业有专攻，在一个领域你是专家，换个领域说不定你就是个学生了。当然，沟通者过于自卑也会造成沟通障碍。沟通者总觉得自己是小角色，职位低，见识浅，于是只知道自己有耳朵，忘了自己还有嘴巴。

沟通不能过于迷信沟通技巧，沟通其实并不神秘。作为信息发送者，要大胆地表达你的思想，不论是用嘴、用笔，或其他手段。作为信息接受者，要虚心地听，不论这信息是声音、是文字，或是其他，一切以能达到彼此交流思想为目的。

沟通让误会、怀疑、猜忌和敌意远离，让共识、理解、信任和友谊走近，从而能够共同分享工作带来的充实和愉悦。

要使一个团队的合作更有效，那么，团队的每个成员尤其是管理者们，都必须学会有效沟通的各种基本技巧。要学会有效的沟通，主要有四个要求：

1. 学会倾听

西方人常说："上帝给了我们两只耳朵，却只给了我们一张嘴巴，就是要让我们多听少说。"这句话就是要让我们多注重倾听。倾听是获取关于他人的第一手资料和正确认识他人的重要途径，是向他人表示尊重的最好方式。正如前哈佛大学校长查理·艾略特所说的："生意往来并没有什么秘密可言，最重要的就是，要专注于眼前跟你说话的人，学会倾听，这是对那个人的最大尊重。"

在组织里，总是有一部分员工会感觉到自己被领导忽视了，好像自己很不重要，于是经常有一种失落感。为了不让员工们感觉到自己是可有可无的，以避免某些员工产生不良情绪，影响到团队的工作效率，领导者与管理者们都很有必要懂得如何与员工们沟通，而倾听就是一种非常有效的方法。

2. 站在对方的立场，设身处地为对方利益着想

当你要让别人去做一件事情时，要说服对方，最好是在开口之前先考虑到："我应该如何做，才能让对方主动地愿意去完成这件事情呢？"最有效的方式，

就是站在对方的立场与利益上考虑问题。

3. 善于对别人表示认同

在人与人的交往过程中，交往的一方只要把另一方的兴趣所在作为沟通的一个话题，那么，不用费劲就可以立刻找到共同语言，很容易使沟通取得成效。对对方兴趣上的认同，能使每一方都可以从自己的亲身经历中认识与欣赏对方。

4. 考虑别人的感受与困难

其实，沟通有效的根本方法，就是从对方的角度来考虑问题，在先满足了对方的利益的基础上，达到自己的目标。尤其是在团队之中，要集合大家来齐心协力地工作，就必须考虑到每一位成员的利益。只要有利可图，每一个人都会努力去做。

各司其职，团队为家

通常，狼群有狼首，也有司职各种工作的狼，这是根据每只狼的特点来确定的，它们有的擅长寻找目标，有的擅长攻击，而母狼则擅长处理善后事务。这些狼分工明确，合作和谐，保障了狼群内部的高效运转。

一个团队中的每个成员，除了要具备合作意识外，还要清楚自己的职责，做好自己的分内工作，尽职尽责，以团队为家，这样，才会使整个团队的效率提高。

能够做好自己的工作，是成功的第一要素。

从来没有老板像今天这样，青睐能做好自己工作的员工，并给予他们更多的机会。各行各业，人类活动的每一个领域，无不在呼唤能独立自主做好手中工作的员工。齐格勒说："如果你能够尽到自己的本分，尽力完成自己应该做的事情，那么总有一天，你能够随心所欲地从事自己想要做的事情。"反之，如果你凡事得过且过，从不努力把自己的工作做好，那么你永远无法达到成功的顶峰。对这类人，任何老板都会毫不犹豫地把他排斥在选择之外。

现代职场中，认真做好自己的工作和凡事得过且过的人之间，最根本的区别在于，前者懂得为自己的行为结果负责。这种工作态度常能感化"铁石心肠"的老板。

一个对工作不负责任的人，往往是一个缺乏自信的人，也是一个无法体会快乐真谛的人。要知道，当你将工作推给他人时，实际上也是将自己的快乐和信心转移给了他人。

其实，做好手中的工作，并成为职场中出类拔萃的一员并不难。在摒弃了上面那些愚蠢的错误想法后，你要尽快了解你的工作范围，熟悉公司的一切，对公司有个全局认识。这包括公司目标、使命、组织结构、销售方式、经营方针、工作作风，尽量使自己能像老板一样了解公司。熟悉公司的一切是做好本职工作的基础，打下这个基础可以使你的工作干得更出色，甚至超出老板的期望。这样，假以时日，你的处境必会有转机。

一位先哲说过："如果有事情必须去做，便全身心投入去做吧！"另一位明哲则道："不论你手边有何工作，都要尽心尽力地去做！"

做事情无法善始善终的人，其心灵上亦缺乏相同的特质。他不会培养自己的个性，意志无法坚定，无法达到自己追求的目标。一面贪图玩乐，一面又想修道，自以为可以左右逢源，不但享乐与修道两头落空，还会悔不当初。

做事一丝不苟能够迅速培养严谨的品格、获得超凡的智能。它既能带领普通人往好的方向前进，更能鼓舞优秀的人追求更高的境界。

无论做何事，务须竭尽全力，因为它决定一个人日后事业上的成败。一个人一旦觉悟了全力以赴地工作能消除工作辛劳这一秘诀，他就掌握了打开成功之门的钥匙了。能处处以主动尽职的态度工作，即使从事最平庸的职业也能增添个人的荣耀。

在一家皮毛销售公司，老板吩咐3个员工去做同一件事：去供货商那里调查一下皮毛的数量、价格和品质。

第一个员工5分钟后就回来了，他并没有亲自去调查，而是向下属打听了一下供货商的情况就回来做汇报。30分钟后，第二个员工回来汇报。他亲自到供货商那里了解皮毛的数量、价格和品质。第三个员工90分钟后才回来汇报，原来他不但亲自到供货商那里了解了皮毛的数量、价格和品质，而且根据公司的采购需求，将供货商那里最有价值的商品作了详细记录，并且和供货商的销售经理取得了联系。

在返回途中，他还去了另外两家供货商那里了解皮毛的商业信息，将三家供货商的情况作了详细的比较，制定出了最佳购买方案。

第一个员工只是在敷衍了事，草率应付；而第二个充其量只能算是被动听命；真正尽职尽责地行事的只有第三个人。简单地想一想，如果你是老板你会雇佣哪一个？你会赏识哪一个？如果要加薪、提升，作为老板你愿意把机会留给谁？如果你想做一个成功的值得老板信任的员工，你就必须尽量追求精确和完美。认认真真、兢兢业业地对待自己的工作是成功者的必备的品质。要真正做到尽职尽责地工作，就要将公司当成自己的家。一位管理学家说过："作为企业工作中一员，首先要有把企业的利益摆在第一位的思想，你只有让自己的企业不断壮大了，你的个人价值才能得以充分的体现。"

如果你现在还没有把公司当成自己的家，那是因为你只是为了养家糊口，只是为了自己的生存，只是为了那点儿工资，才迫不得已到公司里去的。如果在家里就能养活自己的话，我想你现在肯定是不愿意去公司的。你和老板之间还存在着隔阂，你和公司的关系就像旅客寄居一样，没有丝毫的在意。

当你把公司当成自己的家的时候，你会发现你热爱你的工作了，你工作的时候有激情了，你的老板也时常注意你了。这一切都是举手之劳就可以实现的，把公司当作自己的东西来爱护。

如果你有了公司就是自己的家这个概念时，你就可以像在家中一样：有快乐、有悲伤、有埋怨、有感动、有付出、有回报、有关心。父母给了我们生命，供我们去上学，让我们去学习知识，老板则是为你提供了生存的场所，为你提高自己的技术创造条件，同样是在教你做人的道理。你要对老板心存感激。只有这样，你才能拥有真正的职业精神，把公司当成自己的家，对得起自己的良心。

有一家公司刚开张，需要招聘几个文化程度较高的大学毕业生当业务员。托马斯的哥哥跑来，说："给我弄个好差干干。"他深知哥哥的个性，就说："你不行。"哥哥说："看大门也不行吗？"他说："不行，因为你不会把活当成自己家的事干。"哥哥说他："真傻，这又不是你自己的公司，干吗那样卖死力。"临走时，哥哥说托马斯："没良心。"不料托马斯却说："只有把公司当成是自己开的公司，才能把事情干好，才算有良心。"如果你能像托马斯这样做的话，你就可以早日得到老板的器重和信任。

你要把自己当成公司的主人，要想公司的事，解公司的急，与公司同发展、进步。你是"小我"，公司是"大我"，爱自己的家，为自己的家奉献自己的劳动。不要在私下里说：我为公司付出了多少，要知道你的进步是在公司基础上的，公司为你提供了一个平台。

每个员工的进步都会推动公司的成长，每个员工的努力都会为公司的进步增添一份力量，实现自身的进步和促进公司的成长是每一位员工义不容辞的责任，只有不断成长的员工才能为公司创造更大的价值，只要你这样去想、去做，你就会成为公司的支柱。

选择不同的搭档

其实，狼群最伟大的品质就是它们的合作精神。我们几乎可以将狼群的行动看成是"合作"的代名词。每一只狼都有自己的伙伴，它们总是能够找到最适合自己的搭档，在每一次的捕猎中相互配合、取长补短，在合作中共同生存。

在今天，人的社会属性可以说比以往任何时候都显得更为明显和重要。作为人的社会属性之一的团队精神，其在当今的企业和其他各社会团体内的重要性也日益显著。今天的时代也是一个需要和呼唤团队精神的时代。

你是一滴水，只有融入大海之中你才不会干涸；你是一棵树，只有在大森林里你才能茁壮成长；你是一只大雁，只有在雁群里你才会飞到目的地。把自己融入公司的团队之中去，不要孤立自己，不要为了眼前的一丝小利而自私。要知道你只有借助于团队，才能得到更好的发展，团队就是你成功的梯子和垫脚石，是最佳的成功之道。而选择一个合适的搭档，则会令你的成功之路更加顺畅。

然而，选择搭档不能凭感觉来，也不能抱着试试看的心理去做，必须要有端正的态度和正确的认识，必须从多方面来考虑自己，审视自己，同时也必须对你的搭档和你自己的切身利益作个周密的思考。

如果是你，选一个什么样的人做搭档一定是你很关心的话题。如果现在的搭档与你工作上配合得很好，使你有如虎添翼之感，那么恭喜你了。但是，你也许感觉某些方面磨合得不够好，工作起来感觉不是很顺畅，那么你有没有思考是为什么呢？你们的个性和风格是否"般配"？

　　选择合适的搭档，能够促进团队合作的顺利进行。这一点，从企业的高层合作就可以得知。一般来说，每个单位的领导周围都有几员得力干将，占据重要部门的重要位置。如果这些干将的性格是互相补充的，企业都比较健康。

　　看看几个大企业都是如此，海尔有了张瑞敏和杨绵绵才平衡，一个作战略，一个作执行。海信有了周厚健在掌舵，于淑敏才能冲在前面。联想的柳传志充满了智慧，才有了杨元庆和郭为的发挥余地。可见，互相搭配才能互补，才能达到企业管理的较高境界。

　　然而，选择与自己不一样的人是困难的。人都是觉得自己厉害，尤其具有一些成功经验的人，对自己更是充满自信。他认为自己是最棒的，自己的方法是最好的，自己的性格是最适合企业的。所以在选择搭档时，难免喜欢和自己类似的人，性格类似，做事方式类似。因为太多的相似，使他有认同感，这样才觉得更加安全。

　　选择与自己风格不同的人是危险的，他的想法不同于自己，整天要与他辩论、说服他，多累呀。虽然有时候他是对的，但自己却感觉很不服。甚至有些人把见解不同上升到另一个高度，轻则分道扬镳，重则互相排挤和打击。

　　然而，如果一个人希望做大事业，就要突破自己，选择和自己互补的人作为搭档。搭档和自己一样的话，搭档就失去了存在的意义，只要一个人就可以了，为什么要有两个脑袋？这样才真正是做事业的心态，事业也就成功了一半。尽管在工作上两个人经常有摩擦，有不同思维的撞击，但正是因为有这样的摩擦和撞击，才有了更新、更好的火花，对双方的成长和企业的发展都是有利的。强调团队精神，但还要有不同的声音。

　　一个感性的人在鼓动，一个理性的人在执行。一个外向的人在激励，一个内向的人在操作。一个人在思考，一个人在实践。这才是完美的组合，才是成长的必备。古人说：一阴一阳谓之道。其实合作的道也是如此。

　　作为一个成功的人，你找到互补的另一个搭档了吗？

第四章

打破常规，出奇制胜

狼群在狩猎中经常会根据对手的特点和周围情况制订详细的作战计划，但它们又不会拘泥于常规的战略战术，而是根据情况变化适时地改变战术，变化阵势，使对手猝不及防，达到出奇制胜的效果。

在变化中找到突破

对于狼族而言，并不是每一件面临的事件，都可以被改变。只不过，到了真正面临的时候，没有一件事是不可以改变的。狼族是自然界中适应性最强的一类，然而，它们的改变堪称是一种扬弃，于变化中找到新的突破。

一天黄昏过后，吃过晚饭，大人们来到场院搿苞米，我们小孩就在场院门口看大门，防止鸡、鸭、鹅来捣乱。天气很闷，没有风，我和二姐在门外边玩跳格。突然前面传来一群鸡和鸭慌慌张张的奔跑声和惊慌失措的叫声，打破了傍晚的沉静。我一听就知道准是狼又进屯了。果然，两只黑灰色的狼快捷地跑过来，一只狼嘴里同时叼着两只大鹅的脖子，另一只狼叼了一只鹅。我第一次看到一只狼能叼两只鹅，感到很惊奇。被叼住颈部的三只鹅，眼神中透出绝望，嘴里发出凄惨的哀鸣。二姐大声喊着"大黑，大黑，快上！"家里的大黑狗忽地蹿出院子，冲着狼追去。狼一见狗从后面追来，为了快速脱身，急中生智。将头一甩，就把嘴里叼着拖着跑的大鹅顺势一下就甩到自己的肩背上，嘴上仍然还叼着鹅的脖子。仓皇间，有一只鹅从狼的口中掉了下来。两只狼各驮着一只鹅在前面跑，大黑在后面撵，家里人跟在最后面追。当大

黑追上狼时，它不是勇敢地冲上去咬狼，狼也不反扑，它们就面对面地停下，然后都后腿趴下、前腿直立地对坐了起来，互相看看喘着气，就像一对刚刚吵嘴的伙伴在赌气，十分有趣。等我们和大人赶到，大黑一见主人来了，顿时就来了精神，仗势叫了起来，但狼已经驮着大鹅跑远了。我们捡回被狼甩掉的那只血肉模糊的可怜的鹅回家，第二天它就死了。

创新即是一种突破，突破首先是对常规思维的突破，敢于寻求变化。拿破仑一生以失败告终，就是败在没能在变化中找到突破口。

拿破仑在滑铁卢战役失败之后，被终身流放到圣赫勒拿岛。他在岛上过着十分艰苦而无聊的生活。后来，拿破仑的一位密友听说此事，通过秘密方式赠给他一件珍贵的礼物———一副象棋。这是用象牙和软玉制成的国际象棋。拿破仑对这副精制而珍贵的象棋爱不释手，后来就一个人默默地下起象棋来，以此解除被流放的孤独和寂寞。这位有名的囚犯在岛上用那副象棋不厌其烦地打发着时光，最终慢慢地死去。

拿破仑死后，那副象棋多次以高价转手拍卖。最后，象棋的所有者在一次偶然的机会中发现，其中一个象棋的底部可以打开，当那人打开后，他惊呆了，里面竟密密麻麻地写着如何从这个岛上逃出的详细计划。随后，便成为世界的一大新闻。可见，拿破仑没有在玩乐中领悟到朋友的良苦用心。所以，他到死也没有逃出圣赫勒拿岛。这恐怕是拿破仑一生中最大的失败。

拿破仑一生征战南北，机关算尽，几乎要称霸欧洲，用许多别人想不到的方法，征服了一个个国家，但是，他没有想到最后竟然死在了常规思维上。如果，他用征战的方法思考一下象棋解除寂寞之外的用意，很可能上帝会向他微笑。

创新是人类社会进步的客观要求，而要摆脱和突破常规思考方法的束缚，常常需要付出极大的努力。我们必须摆脱惯有的思维定式，变换一下我们做事的方法，才能达到意想不到的效果。

在一家效益不错的公司里，总经理叮嘱全体员工："谁也不要走进8楼那个没挂门牌的房间。"但他没解释为什么，员工都牢牢记住了总经理的叮嘱。

一个月后，公司又招聘了一批员工，总经理对新员工又交代了一次上面的叮嘱。

"为什么？"这时有个年轻人小声嘀咕了一句。

"不为什么。"总经理满脸严肃地答道。

回到岗位上，年轻人还在不解地思考着总经理的叮嘱，其他人便劝他干好自己的工作，别瞎操心，听总经理的没错，但年轻人却偏要走进那个房间看看。

他轻轻地叩门，没有反应，再轻轻一推，虚掩的门开了，只见里面放着一个纸牌，上面用红笔写着：把纸牌送给总经理。

这时，闻知年轻人闯入那个房间的人开始为他担忧，劝他赶紧把纸牌放回去，大家替他保密。但年轻人却直奔 15 楼的总经理办公室。

当他将那个纸牌交到总经理手中时，总经理宣布了一项惊人的决定："从现在起，你被任命为销售部经理。"

"就因为我把这个纸牌拿来了？"

"没错，我已经等了快半年了，相信你能胜任这份工作。"总经理充满自信地说。

果然年轻人把销售部的工作搞得红红火火。

一个好的个性，在工作上必会有所表现、突破．无论在哪个部门都是别人急于网罗的对象。

勇于走进某些禁区，你会采摘到丰硕的果实，打破条条框框的束缚，敢为天下先的精神正是开拓者的风貌。

如果某人老是待在同一个地方。容易守旧，丧失创造力，也会成为企业的包袱。如果你只想过普通人的生活，你可以维持现状，但你如果是想过好生活的人，就得奋力去争取每个升迁机会。

纵观古今中外许多战例和商场竞争，一个"变"字也被广泛运用于各种战术动作之中。甚至可以这样说，几乎所有的以弱胜强、以小胜大、以寡胜多的战例，都无不与机变挂钩。

作为一家五金商行的小职员，沃尔伍兹只想当一名称职的员工。当时他们商店积压了一大堆卖不出去的过时产品，这让老板十分烦心。沃尔伍兹看到这里，产生了一个新的想法，他想如果把这些东西标价便宜一些，让大家自行选择，肯定会有好销路。

他对老板说："我可以帮您卖掉那些东西。"老板听了他的主意后同意了。

于是他在店内摆起一张大台子，将那些卖不出去的物品都拿出去，每样都标价 10 美分，让顾客自己选择自己喜欢的商品，这些东西很快就销售一空。后来他的老板尽可能多找一些物品放在这张台子上，也都很快销售一空。

于是沃尔伍兹建议将他的新点子应用在店内的所有商品上，但他的老板害怕此举失败，会给他的生意带来损失，拒绝了他的建议。

沃尔伍兹无奈只得另外找愿意冒险的合伙人，经过努力，他很快就在全国建立起多家销售连锁店，赚取了大量的利润。他的前老板后悔地说："我当初拒绝他的建议时所说的每一字，都使我失去一个赚到 100 万元的机会。"

从以上事例我们可以看出，无论是军事斗争还是商场竞争，不仅要树立图强求变的战略观念，而且"变"本身也可以是一种战术手段。一个"变"字运用得当，就可以使强弱之势逆转，使弱者有可能战胜强敌。

学会"另辟蹊径"

有位动物心理学家做过这样一个实验，把一只猩猩和一只狼分别关在两堵短墙之间，并分别在外面用铁丝网隔开放了两盆食物。猩猩一看到食物马上直冲过去，结果左冲右突就是吃不到。而那只狼先是蹲在那儿直直地盯着食物和铁线网，又看看周围的墙，然后转身往后跑，绕过墙来到铁丝网的另一边，结果吃到了食物。

我们人类在考虑问题的时候也有类似现象，总是死抱一种方法一味蛮干，而有的人善于"另辟蹊径"、"绕道而行"，突破思维定式，采用侧向或逆向思维，轻而易举地获得成功，这就是智慧的功劳。

德国生理学家贝尔纳有句名言："构成我们学习最大障碍的是已知的东西，不是未知的东西。"

巴黎有一位漂亮女人，大选期间有人企图利用她的美色来拉拢一位代表投票。为了选举的公正，必须尽快找到这位美人，及早制止她的行动。但由于地址不详，担任这一任务的上校经过 24 小时的努力，仍未掌握她的踪迹，急得坐卧不安。

　　这时，戈特尔上尉来访上校，当即表示愿帮忙。上尉转身上街，找到一家大花店，让老板选一些鲜花，并让其帮助送给那位女人。老板一听美女的名字，把鲜花包装好后，举笔在纸上写下这位女人的地址，上尉轻而易举地获悉了这个女人的地址。

　　上校用 24 小时未能找到的地址，上尉只用半个小时就解决了。

　　显然，上校用的办法是惯常的户籍查询、布控寻访等方式，故而费时费力而难见成效。上尉用的是创造性的思维，他的思路是：美女——知名——鲜花——花店，即美女受人爱慕，识之者众多，送花者如云，花店常光顾其门，熟知其地址。上尉思维的"终端目标"是美女的地址，那么，谁知道她的地址呢？显然是常光顾其门者——在公共人员中，送花人应是首选，因为美女总是与鲜花联系在一起的。

　　这里的关键是找到一个中介点——鲜花，这是上尉的高明之处。利用中介点拉近与目标的距离，这是打破常规思维的重要路径。

　　不论什么难题，如果按照习惯的模式去解决，肯定只能得到习惯的答案，但如果你能独辟蹊径，找出问题的关键，便会豁然贯通。

　　有一个著名的故事，可以明确地告诉我们什么叫另辟蹊径。

　　一个星期六的早晨，牧师在准备第二天的布道内容。那是一个雨天，妻子出去买东西了，而小儿子又在吵闹不休，令牧师烦恼不已。

　　最后，这位牧师在失望中拾起一本旧杂志，一页页地翻阅，一直翻到一幅色彩鲜艳的图画—— 一幅世界地图。

　　他从那本杂志上撕下这一页，再把它撕成碎片，丢在地上，对儿子说："小约翰，如果你能拼拢这些碎片，我就给你 1 元钱。"儿子答应了。

　　牧师以为这件事会使儿子花费一上午时间。没想到，不到 10 分钟，儿子就来敲他的房门了。牧师惊愕地看着儿子如此之快地拼好的那幅世界地图。

　　"孩子，这件事你怎么做得那么快？"牧师问道。

　　"这很容易。在图画的背面有一个人的照片。我就把这个人的照片拼到一起，然后把它翻过来。我想，如果这个人是正确的，那么，这个世界也就是正确的。"

　　牧师笑了，给了儿子 1 块钱。"你也替我准备好了明天的布道。"他说，"如果一个人是正确的，那么他的世界也就会是正确的。"

牧师的思路是不错的。如果要把这些碎片拼成世界地图，确实需要大半天的时间。可是他儿子却发现了一条捷径，从而省力省功。这不能不算是一个小小的发明，这就叫作另辟蹊径。

另辟蹊径，不仅能够使本来复杂的问题变得简单明了，而且更是我们认识世界、创造成就的"蹊径"。它往往意味着改变传统的思路。

任何地方都存在机会，而如果一个地方只有你一个人，岂不是所有的机会都属于你？所以，与众不同才是高明的成功者。

许多人在追求机会的道路上，虽穷尽心力，但终究得不到幸运女神的青睐，对于这种人，最好的劝导就是令他另辟蹊径。

机会虽然比比皆是，但追求机会的人更是浩如繁星。在人们所熟知的行业中，机会和追求机会的人之间的比例是严重失调的。可惜的是，许多人虽然意识到了这一点，却还是拼死要往里钻，结果不但没能得到命运的垂青，反而浪费了自己的大好青春。事实上，在每一个地方，都有机会的存在，善于抓住机会的人，就懂得往人少的地方去，如果某个地方只有你一个人，那岂不是意味着这里所有的机会都只是属于你一个人吗？独辟蹊径，将使你的人生有更好的亮丽风景。

另辟蹊径，往往意味着改变传统的风格或思路，闯出一条新的路子，开辟一块新的土地，这是获得机会行之有效的途径。

有的人，在某一思维领域是一条虫，到了另一思维领域则成了一条龙，职业的选择，也同此理。下面的这个例子也说明了这个道理。

查朱原来是美国一个乡下小火车站的站员。由于车站偏僻，购物困难，而且价格偏高，附近的人们常常要写信请在外地的亲友代买东西，非常麻烦。查朱想：如果能在附近开一个店铺，一定会得到一个发财的机会。可是，他既没有本钱，也没有店铺，怎么办呢？他决定尝试用一种新的、无人知晓的邮购方法，即先将商品目录单寄给客户，然后按客户的要求寄去商品。他雇了两名职员，成立了"查朱通信贩卖公司"。此后，人们纷纷仿效，并从美国风靡到全世界，查朱也成为"无店铺贩卖"方式的创始人，当然，作为创始人的回报就是在5年之后，查朱成为百万富翁。

某单位曾经有一位青年小杨，原先在行政部门工作，但因为行政部门人满为患，又加上上面还有很多"老资格"的人物，所以小杨在单位很不得志，既没有地位，也没有利益。对此，小杨深感自己的前途暗淡无光。

过了几年，正赶上好时机，邓小平同志南行深圳，发表了重要讲话，小杨抓住这一难得的时机，另辟蹊径，与单位领导进行了谈判，最终小杨自己办起了一家服装设计公司，借用单位的房子和人员，每年向单位上缴10万元的利润。

一年以后，小杨不仅还清了欠债，缴纳了10万元，而且自己还净赚20万元。

这就是很典型的另辟蹊径抓机会的例子，而类似这样的例子在我们的周围并不鲜见。

你要想另辟蹊径去获得成功、获得机会，应该从上述成功的经验中吸取有益的启示。

首先，要能在平常的事情上思考求变。能够另辟蹊径的人，其思维富有创造性，善于从习以为常的事物中图新求异，主动反常逆变，去认识世界，改造世界。

其次，要不为现行的观点、做法、生活方式所牵制。巴尔扎克说："第一个把女人比作花的是聪明人，第二个再这样比喻的人，就是庸才了，第三个人则是傻子了。"

现行的汽车防盗系统国内外已有不少，许多厂家使尽浑身解数仍然不尽如人意。总参某炮兵研究所青年工程师杨文昭在广泛吸取国内外同类产品的优长的同时，大胆创新，另辟蹊径，运用双密码保险、抗强电磁干扰、无电源持续报警和声捶自动熄火等新技术，研究出了汽车防盗系列产品，被定为首家"国际"产品。敢于向现行的成果和规则挑战，独闯新路，使杨文昭获得了机会，也获得了成功。

再次，要留意他人，学习他人，但一定要有自己独到的见解。盲目模仿他人的经验，并不能获得成功。要养成独立思考的习惯，自己在观察事物、观察别人成功经验的同时，独创出自己之所见。

第四，要别出心裁。"大家都想到一块去了"，这并非都是良策。满天飞的广告词尽是"实行三包"、"世界首创"、"饮誉天下"，效果如何呢？美国一家打字机厂家的广告语："不打不相识"，一语双关，顾客争相购买。

莫道山穷水尽已无路，另辟蹊径，将使你柳暗花明又一村。

当我们在生活中遇到走到路的尽头，无路可走的情况时，运用智慧，回过头来，绕道而行便可以找到一条新路了，所以世上只有死路，没有绝路，而我们之所以会往往感到面对"绝路"，那是因为我们自己把路给走绝了，或者说我们的思路狭隘，缺乏"绕道"的意识。

《孙子兵法》中说："军急之难者，以迂为直，以患为利。故迂其途，而诱之以利，后人发，先人至，此知迂直之计者也。"这段话的意思是说，军事战争中最难处理的是把迂回的弯路当成直路，把灾祸变成对自己有利的形势。也就是说，在与敌的争战中迂回绕路前进，往往可以在比敌方出发晚的情况下，先于敌方到达目标。

美国硅谷专业公司曾是一个只有几百人的小公司，面对竞争能力强大的半导体器材公司，显然不能在经营项目上一争高低。为此，硅谷专业公司的经理决定避开竞争对手的强项，抓住当时美国"能源供应危机"中节油的这一信息，很快设计出"燃料控制"专用芯片，供汽车制造业使用。在短短5年里，该公司的年销售额就由200万美元增加到2000万美元，成本由每件25美元降到4美元。由此可见，尽管人人都期待着以最快的速度获得最大的成功，然而在激烈的竞争中每前进一步都会遇到困难，很少有人能直线发展，因此迂回发展是大多数成功者走过的制胜之道。

在日常生活和工作中，我们也应有迂回前进的概念，凡事不妨换个角度和思路多想想。世上没有绝对的直路，也没有绝对的弯路。关键是看你怎么走，怎么把弯路走成直路。有了绕道而行的智慧和本领，弯路也成了直路了。

学会绕道而行，拨开层层云雾，便可见明媚阳光。也许你曾经奋斗过，也许你曾经追求过，但你认定的路上红灯却频频亮起。你焦急，你无奈，都不如绕道而行！

绕道而行，并不意味着你面对人生的红灯而退却，也并不意味着放弃，而是在审时度势。绕道而行，不仅是一种生活方式，更是一种豁达和乐观的生活态度和理念。大路车多走小路，小路人多爬山坡，以豁达的心态面对生活，敢于和善于走自己的路，这样你永远不会是一个失败者，而是像一头剽悍机智的苍狼，为自己的人生开创出一条新生之路。

用方法攻破困难

生存环境对狼来说是十分严酷的，狼一生中要遭遇很多挫折，每一次的挫折和困难无论有多么严重，狼都不会打退堂鼓。它会积极地思考，寻找解决困难的办法，所以，狼总是能从挫折中走出来。

草原上的马高大而肥壮，在老虎、狮子或猎豹眼中，它是很难被捕捉的猎物。但狼轻松地就能把它捕获。

马群每次走到草高或是地形复杂的地方，狼就像壁虎一样贴着地面爬行，还不时抬头看，它用鼻子和耳朵就能知道猎物在什么地方。母马经常小声叫唤马驹子，狼就能凭着母马的声音判断马驹子所在的大致方位，然后慢慢靠近。

如果母马不在马驹附近，狼就会猛扑上去，一口咬断马驹喉咙，然后敏捷地拖到隐蔽处吞食。如果被母马发现了，狼就急忙逃跑，马群是带不走死马驹的，等马群走了之后，狼再回来吃。

有的狼特别狡猾，会哄骗马驹子。

一只狼发现了马群边上有一匹马驹，但旁边有母马，这时狼就会悄悄地爬过去，躲到附近的草丛里，然后仰面朝天，把上半身藏在草丛里面，让四只爪子伸出来，轻轻摇晃。从远处看那晃动的狼腿狼爪，像野兔的长耳朵，又像探头探脑的大黄鼠或其他的小动物，反正不像狗和狼。小马驹由于出生不久，好奇心特强，一见到比自己小的活东西，就想跑过去看个究竟。母马还没来得及阻拦马驹，狼就已经一口咬断马驹的喉咙了。

人类的生存也是一样，常常要与困难做斗争。面对困难时，需要的就是智慧，是主动寻找方法的智慧。

事实上，成大事者和平庸之辈的根本区别之一，就在于他们是否在遇到困难时理智对待，主动寻找解决的方法。只有敢于去挑战，并在困局中突围而出，才能奏出激越雄浑的生命乐章，最大化地彰显人性的光辉。如若我们在困难来临时选择了逃避或自暴自弃，而不是坚持不懈地挑战和克服"困局"，就会被困难所累而最终碌碌无为，和那只永远也飞不高的鸟儿没有两样。

大文豪罗曼·罗兰在《约翰·克利斯朵夫》一书的开篇就写到，英雄并非就没有卑劣的情操，只不过他们没有被卑劣的情操所俘虏罢了。在此，我们也可以说，成功的人并非就没有遭遇过困难，只不过他们没有被困难所征服罢了。"困境可以锻炼一切优秀的人物。它挑出一批心灵，把纯洁的和强壮的放在一起，使它们变得更纯洁更强壮。但对于其余的心灵，会加速它们的坠落，或是斩断它们飞翔的力量。普通的大众在这儿跟继续前进的优秀分子分开了。"罗曼·罗兰充满激情的描写，为每一个勇于挑战困难的人提供了奋进的动力支持。正如惠特曼所说："只有受过寒冻的人才感觉得到阳光的温暖，也唯有在人生战场上受过挫折、痛苦的人才知道生命的珍贵，才可以感受到生活之中真正的快乐。"同样，主动寻求方法去解决好工作中遭遇的每一个问题和困难，我们才能领略到心灵释放和智慧碰撞所带来的淋漓酣畅之感。

在古希腊神话中，有一个关于西齐弗的故事。他因为在天庭犯了法，被天神惩罚，降到人世间来受苦。天神对他的惩罚是：要推一块石头上山。每天，西齐弗都要想尽办法把那块石头推到山顶，然后回家休息，可是，在他休息时，石头又会自动地滚下来，于是，西齐弗又要把那块石头往山上推。这样，西齐弗所要面对的是困境对他永不止息的折磨。

然而，西齐弗在面对天神的惩罚时，并没有向命运屈服。当清晨的一缕阳光来临时，他又搬起了石头。西齐弗面对困难不低头最终换来的结果是甜蜜的，正如众人所知，他的精神感动了上苍，他再一次回到了天庭。

西齐弗的传说当然只是一个比喻，但这个神话故事却在某种程度上揭示了一个现实中的真理：主动寻找方法挑战困难的人，终会脱颖而出！

当我们在生活和工作中遇到这样或那样的困难时，只有保持镇静，才能赢得寻找方法的机会。镇静，是一种良好的心理机制，为找到方法解决困难赢得了主动。

如果企业面临重大危机，应该采取什么解救措施呢？几乎每一个企业管理者都会面临这样的困难。但是，松下幸之助处理危机的方式却与众不同，归到一点，就是只有同舟共济才能渡过危机。以退为进，同时给员工创造机会，使他们有渡过难关的信心，增强他们的主人翁精神和凝聚力，会收到意想不到的效果。1920 年，日本经济不景气，不少工厂停产或倒闭。然而，当时规模并不是很大的松下电器反而蓬勃发展。到了1921年秋天，松下买了1500多平方米的土地，盖厂房、建住宅、设事务所、扩大招雇员工规模。1923年，松下发明并大量产销自行车电池灯，兼营电熨斗、电热器、电风扇等电器产品，公司发展迅猛。1929年，松下并不理会到处弥漫的经济危机，在已经拥有3处工厂、300多名员工的情况下，继续扩充，在大孤买下8万平方米的土地，大规模地建设公司总部、第四个工厂、员工住宅。直到1929年12月底，松下电器才感受到了危机的压力：销售额剧减一半，仓库里堆满滞销品。更糟糕的是，公司刚刚贷款建了新厂，资金极端缺乏，如果滞销情况持续下去，整个松下电器很快就会倒闭。恰恰这时，松下幸之助偏偏病倒在床上。如何渡过这场危机？当时代行社长职务的井植岁男等高级主管，向休养的松下汇报他们研究的方案：为应付销售额减少一半的危机，只好减少公司一半的生产量，员工也必须裁减一半。这是一个渡过难关的最佳方案。听到这个方案，松下有了精神。他指示："生产额立即减半，但员工一个也不许解聘。不过，员工必须全力销售库存产品。用这个方法，先渡过难关，静候时局转变。""可以不解雇员工，但是既然开工半天，就该减薪一半。员工不会有意见。"有的主管建议。"半天工资的损失，是个小问题，使员工们有以工厂为家的观念才是最重要的。所以任何一个员工都不得减薪，必须照旧发工资。"松下十分肯定地说。当员工们听到松下的指示时，无不欣喜，因而人人奋勇、个个尽力，销售库存产品。松下的方法灵得让人吃惊，由于员工的倾力推销，公司产品不但没有滞销，反而造成产品不够销售的现象，并创下公司历年最高销售额的记录。就在这场世界经济大危机中，其他工厂纷纷倒闭，而松下公司，继兴建第四厂后，又创建了第五、第六厂。

　　企业的发展不会一帆风顺，有时它会面临严重的困难，巨大的危机，甚至濒临破产。这时候，如何力挽狂澜，找对方法使企业转危为安，渡过难关，就是对当老板的人的考验了。

成功源于创新

　　狼之所以能够在适者生存的自然淘汰法则中生存至今，最重要的是依赖

于它们的智慧。狼是生物界中最具胆识与智慧的强者。在每一次捕猎时，狼都勇于创新求变，不拘泥于一种战术，永不停止变化，这也是狼族能够长盛不衰的根源所在。

猎人赵海波曾亲身经历一次狼赶猪的事件。

狼猎杀猪一般在入秋以后。狼在山地和草原上捉不到可以觅食的兔子、田鼠等野生动物后，饥饿难熬时就要进村来吃家禽和家畜。村里人为了防备狼，都把猪圈修得很坚实、很高，但有时在放散猪时或是猪从猪圈中蹿了出去，遭遇到狼，就在劫难逃了。

一天我和八叔掰苞米回来，走在巷道上，就听到苞米地里有猪的吭哧吭哧的喘息声。我们以为猪又进了苞米地祸害庄稼，就钻进地里顺着声音寻去。只见两只狼在猪的一前一后。前面那只用嘴紧紧叼住猪的耳朵，后面的一只狼趴在猪的屁股上，还不断地用狼尾巴扫着猪的屁股。可怜的这头憨猪大气都不敢出，乖乖地让狼挟持着。我和八叔大喊一声："大黑，上！"猪看到来了主人和看家狗，顿时生了勇气，开始挣扎起来，由吭哧声变成了高亢的求救声。狼看见就要到嘴的肥肉被我们搅了，又气又恼。猪的身体大，不好拖，狗又虎视眈眈看着它。狼在逃脱前气汹汹地咬下了猪的耳朵，趴在猪身上的那只狼狠狠地咬了猪的屁股几口，撇下血淋淋的猪逃走了。

当我们把猪往家赶时，发现了狼的秘密，因为我们看到了狼和猪挣扎的痕迹和脚印。我好奇地沿着这个脚印寻找，明白了这两只狼原来是在小道上赶猪，听到我们的说话声，为了避开人，又把猪驱赶到了苞米地里。所幸的是猪的喘息声被我们发觉了，否则狼的"阴谋"就得逞了。

狼虽然最终没有吃到猪，但从赶猪的方式中却表现了善于随机应变的创新精神。

在这个日益多变的社会中，我们每天都在呼唤着创新，希望运用创新来改变人生，那么究竟什么是创新呢？

一个低收入的家庭制订出一项计划，使孩子能进一流的大学，这就是创新。一个家庭设法将附近脏乱的街区变成邻近最美的地区，这也是创新。想法子简化资料的保存，或向"没有希望"的顾客推销，或让孩子做有意义的活动，或使员工真心喜爱他们的工作，或防止一场口角的发生，这些都是很实际的每天都会发生的创新实例。

什么叫创新？《伊索寓言》里的一个小故事给了我们一个形象的解释：

一个风雨交加的日子，有一个穷人到富人家讨饭。

"滚开！"仆人说，"不要来打搅我们。"

穷人说："求求你让我进去，我只想在你们的火炉上烤干衣服而已。"仆人以为这不需要花费什么，就让他进去了。

突然，这位穷人请求厨娘给他一个小锅，以便他"煮点石头汤喝"。

"石头汤？"厨娘说，"我想看看你怎样能用石头做成汤。"于是她就答应了。穷人于是到路上拣了块石头洗净后放在锅里煮。

"可是，你总得放点盐吧。"厨娘说，于是她给他一些盐，后来又给了豌豆、薄荷、香菜。最后，又把收拾到的碎肉末都放在汤里。

当然，你也许能猜到，这个可怜人后来把石头捞出来扔在路上，美美地喝了一锅肉汤。

如果这个穷人对仆人说："行行好吧！请给我一锅肉汤。"那么他的下场肯定是被轰走。因此，伊索在故事结尾处总结道："坚持下去，方法正确，你就能成功。"

创新并不是天才的专利，创新只在于找出新的改进方法。任何事情，只要能找出把事情做得更好的方法，就能取得更大的成功。

培养创新能力的关键是要相信能把事情做好，有了这种信念，才能使你的大脑运转，去寻求把事情做得更好的方法。

当你相信某一件事不可能做到时，你的大脑就会为你找出种种做不到的理由。但是，当你相信——真正地相信某一件事确实可以做到，你的大脑就会帮你找出能做到的各种方法。

我们的人生，是一个广阔的创意市场。多姿多彩的创意，渲染了我们的生活，丰富了我们的生存空间，创意是开启智慧之门的金钥匙。

学会创意，首先要学会独辟蹊径的思想，把创意纳入我们生活的轨迹。哪怕你是在异想天开，也不要放弃，创意的本身就有点接近异想天开。

创意是不需要成本的。唯一的成本是动用你的头脑。一个美妙的构想，可以搭建起宏伟的大厦，创意始终是开始，即使它的构想获取成功，也永远只是开始。

学会创意，我们也就灵活地把握住了生存的关键。活跃的思维，始终是站立在生命运动的前列，是最容易引起人们的关注和重视的。

好的创意往往要迫使你往另一个冷僻的方向去走。让你饱经痛苦的折磨和孤独，然后才把最有价值的东西展现在你的眼前。所以，创意是从愉快步入痛苦，然后又是从痛苦步入愉快的过程，明白这种规律。你就不会因艰难而放弃创意的旅程。

一个完整的创意形成后，你不必急于把它推向市场。你还须精心打磨计算，设计好它出笼的方案。或者在小范围里做一番预演，当测试到它能达到被人认可的效果时，你再全力把它推出。

创意是一个大的领域，它是一种精神，是贯穿你一生的思维脉络。如果我们注重每一次生活的创意，我们会惊奇地发现，有些创意是在我们不经意的时候发生的，而且一直在左右着我们的生存方式。

创意在演绎我们的人生。最富有色彩的人生，聚集着最丰富多彩的创意。创意不惧怕失败，反而从失败的口袋里发现隐藏的金子。

此时的你非彼时的你，你在不断创新。

无论是商界巨擘洛克菲勒、昔日声名显赫的亨利·福特，抑或是其他世界级的石油大王、钢铁大王、汽车大王等，可能也无法看懂今日的世界。就在世纪末的某一天早晨，"大王"们一觉醒来，惊愕地发现，他们已经司空见惯了的财富排行榜发生了戏剧性的变化，以比尔·盖茨为首的一批名不见经传的"小人物"贸然闯了进来，并以令无数"大王"汗颜的速度，荣登全球富豪的金、银、铜宝座。微软公司的市值超过了美国三大汽车公司的总和。百年积蓄也难与他匹敌。

"大江东去，浪淘尽，千古风流人物。"农业时代出现的无数大大小小的地主、财主，必然要被洛克菲勒、亨利·福特和卡内基们所替代，而工业时代的石油大亨、汽车大王、钢铁皇帝，又必然要让位于新的财富霸主——信息时代、知识经济的必然产物。

"变化太快了！"

这是当代人的共同感受。

许多企业倒闭的速度正像许多企业发展的速度一样惊人，以至于在这"看不懂"的世界里流传着两句经修改的名诗：

江山代有才人出，各领风骚二三年！

还是那句话，过去不等于未来。过去不成功，不等于未来不成功。同样，过去成功也不等于未来也成功。

因此，只有不断创新，才能持续成功。

随着互联网用户的增多（目前全球使用互联网的用户超过 1 亿，专家预计未来 10 ~ 15 年内将超过 10 亿），其经济应用价值也应运而生，各种商业、金融机构、产业部门纷纷"入网"，传递、获取商业信息。更有甚者，充分利用互联网络所形成的全球信息网空间，足不出户，便开创出许多全新的经营方式或全球商业活动，如电子广告网上销售、网络购物中心、网络银行、电子报刊、网络图书馆等等。加上与互联网络建设相关的信息产业和应用互联网络的通信产业，一种全新的"网络经济"出现了。据美国商务部预计，到 2002 年仅网上商业交易额就将超过 3000 亿美元。

对此，专家已经敏锐地指出：信息革命将成为人类史上最广泛、最深刻的一次社会革命。它不但重新塑造宏观的"上层建筑"，如军事、政治、经济、文化等，也重新塑造着个人的生活方式、娱乐休闲方式和消费方式。

轻轻一按鼠标，就可随心所欲地在网上观赏、阅读、购物、支付、访问、交谈、学习、就医、开会。

"互联网将进入每个人的衣袋中。"

诺基亚总裁在 99《财富》论坛上海年会上，用珍贵的 90 秒钟发言时间，掷地有声地道出了网络未来发展的方向。

在同一个会上，索尼总裁出井伸之，则用简短的比喻，讲了一个十分深刻的道理，他说：

"几千万年前，由于陨石撞击地球，而引起的恐龙灭绝很能说明问题。大部分恐龙不是死于陨石的直接撞击，而是死于撞击引起的酸雨和突变的气候，这说明，二次灾害才是恐龙灭绝的直接原因。现在互联网对行业的影响犹如一颗陨石，如果我们不下定决心改革公司的体制和经营，公司迟早会受到二次、三次灾害的破坏。所以，现在要创造出收益递增时代的新方式，转向知识密集型业务。"

一招不"新"，满盘皆输；因循守旧，后患无穷。

第五章

遵守纪律，绝对服从

狼群内部有着严格的秩序，这种秩序背后是狼群极为严格的纪律规定。这些纪律具有强大的权威，每匹狼都必须自觉地遵守。正是这种规则意识确保了狼群整体行动的严谨有序。

没有纪律，何以胜利

狼群几乎像一个民主的社会国家一样，所有的狼都了解自己的地位并知道它们要遵守些什么。

在狼群中，较高阶层的狼决不会通过尾巴翘起的高度来满足自己虚幻的权威，他们需要更为直接的利益分配，而狼群的分食制度正好可以满足这一点：当狼群捕获食物后，头狼先食，其次是身强力壮者，最后是弱小者。一次分食不够，便组织再次进攻，只有这样，那些没吃饱的饿狼才会拼命向前。

每个员工都严格遵守纪律，只有这样，才能保证团队的稳定、秩序、和谐和效率。

当你的企业和员工都具有强烈的纪律意识，在不允许妥协的地方绝不妥协，在不需要借口时绝不找任何借口，比如质量问题，比如对工作的态度等，你会猛然发现，工作因此会有一个崭新的局面。正如伟大的巴顿将军所说："我们不可能等到 2018 年再开始训练纪律性，因为德国人早就这样做了。你必须做个聪明人：动作迅速、精神高涨、自觉遵守纪律，这样才不至于在战争到来的前几天为生死而忧心忡忡；你不该在思虑后去行动，而是应该尽可能地先行动，再思考——在战争后思考。只有纪律才能使你所有的努力、所有的爱国之心不致白费。没有纪律就没有英雄，你会毫无意义地死去。有了纪律，你们才真正地不可抵挡。"对企业和员工而言，敬业、服从、协作等精神永远都比任何东西重要。但我相信，这些品质不是员工与生俱来的，不会有谁是天生不找任何借口的好员工。所以，对他们进行培训和灌输显得尤为重要，就像西点不断要求学员的着装和仪表一样，最后是要让所有的人都明白："纪律只有一种，这就是完善的纪律。"

还是来看看伟大的巴顿将军的例子吧。乔治·福蒂在《乔治·巴顿的集团军》中写道："1943 年 3 月 6 日，巴顿临危受命为第二军军长。他带着严格的铁的纪律驱赶第二军就像'摩西从阿拉特山上下来'一样，他开着汽车转到各个部队，深入营区。每到一个部队都要啰啰唆唆训话，诸如领带、护腿、钢盔和随身武器及每天刮胡须之类的细则都要严格执行。巴顿由此可能成为美国历史上最不受欢迎的指挥官。但是第二军发生了变化，它不由自主地变成了一支顽强、具有荣誉感和战斗力的部队……"

巴顿可以说是美国历史上个性最强的四星上将，但他在纪律问题上，对上司的服从上，态度毫不含糊。他深知，军队的纪律比什么都重要，军人的服从是职业的客观要求。他认为："纪律是保持部队战斗力的重要因素，也是士兵们发挥最大潜力的基本保障。所以，纪律应该是根深蒂固的，它甚至比战斗的激烈程度和死亡的可怕性质还要强烈"，"纪律只有一种，这就是完善的纪律。假如你不执行和维护纪律，你就是潜在的杀人犯。"巴顿如此认识纪律，如此执行纪律，并要求部属也必须如此，这是他成就事业的重要因素之一。被人认为有些粗鲁的巴顿并不是强硬的命令者。他从不满足于运筹帷幄和发号施令，他经常深入基层和前线考察，听取部属意见，而且身先士卒，让部队感受到统帅就在他们中间，从而愿意听从他的命令，愿意服从他的指挥。

纪律是维系团队的细节，是完成任务的保障，任何人违反了纪律，损坏了这一细节，都会受到惩罚。

作为一个优秀的员工，不仅应遵守企业的纪律，更高的要求是对自己的管理，即自律。

对于自我管理的问题，诙谐作家杰克森·布朗曾经有过一个有趣的比喻："缺少了自我管理的才华，就好像穿上溜冰鞋的八爪鱼。眼看动作不断，可是却搞不清楚到底是往前、往后，还是原地打转。"如果你有几分才华，工作量也实在不少，却始终无法取得老板的赏识，那么你很可能缺少自我约束的能力。

曾经有一位立下了赫赫战功的美国上将，有一次他去参加一个朋友孩子的洗礼，孩子的母亲请他说几句话，以作为孩子漫长人生征途中的准则。将军把自己历经征战苦难，到最后荣获崇高地位的经历，归纳成一句极简短的话："教他懂得如何自制！"

在职业生涯过程中，大多数人很难在开始的时候，就具备出色的自我管理能力。往往是经历了他律、协助性自我管理之后，才能实现真正意义上的自我管理。

自律能力在完善一个人的个性方面起着巨大的积极作用。"如果一个人没有自律能力，那他在工作上的敬业程度就会大打折扣。"一家大企业的人力资源经理举了这样一个例子：我们的上班时间是8：30,有人8：20就到了，有人8：30到，也有人8：40才到。在平时是看不出这三类人有什么本质的区别，但是在关键时刻，或许正是因为这迟到10分钟的习惯，误了大事。这其实就是每个人的自律能力不同导致的不同后果。

当你意识到自我管理的重要性，并在工作中加以实现，那么你会发现，你的生活习惯与工作习惯都会因此得到一定的提高。无论做什么事，都会有条理可循，做事稳重，不留后患。在同事与老板眼中，你是一个严格要求自己的优秀员工，是一个可以让人放心的人。因此，你的老板就会放心地把重要的工作交由你去完成，你的同事也喜欢与你共同工作，并会主动与你交往；你的能力在执行老板交代的任务中得到了锻炼与提高，为你赢得了晋升与加薪的机会；你的人际网络在同事与你的交往过程中得到了扩大，这可能会为你带来许多意想不到的成功机遇。

无条件服从上级

狼群是群居动物中组织性最严密、最讲究秩序的族群，它们的社会组织遵循着一定的社会阶级模式，其重要特征就是等级制度非常明确。管理大师泰蒙·特瑞这样描述狼群的等级结构：狼群组织内的等级高下，通常可以由此看出：阿尔法狼的尾巴总是高高地翘起，贝塔狼则会将尾巴放至较低的位置，欧米佳狼的尾巴则总是垂至两腿之间。此外，狼会通过自己的动作来体现组织中的尊贵等级。狼族的"绝对服从"意识像是一种本能，哪怕头狼要它们反击前来抢食的豹子，他们也会毫不犹豫，果断出击。

每一个员工都应该意识到像狼一样的服从是他的职责。

众所周知，服从是军人的天职，但在西点它也体现为一种美德。每一位员工都必须服从上级的安排，就如同每一个军人都必须服从上司的指挥一样，服从是行动的第一步。一个团队如果下属不能无条件地服从上司的命令，那么在达成共同目标时，则可能产生障碍，反之，则能发挥出超强的执行能力，使团队胜人一筹。商场如战场，服从的观念在企业界同样适用。每一位员工都必须服从上级的安排，大到一个国家、军队，小到一个企业、部门，其成败很大程度上就取决于是否完美地贯彻了服从的观念。

忠诚的具体体现首先就是服从，服从是行动的第一步。你必须暂时放弃个人的独立自主，全心全意去遵循所属机构的价值观念。一个人在学习服从的过程中，对其机构的价值观念、运作方式，才会有更透彻的了解。

毫无疑问，一个高效的企业必须有良好的服从观念，一个优秀的员工也必须有服从意识。因为上司的地位、责任使他有权发号施令；同时上司的权威、整体的利益，不允许部属抗令而行。

每个公司都有系统的计划和安排，正如军队系统的战略方针和执行策略。在军队，如果士兵不服从命令安排，胜利就只能存在于理论和想象了。而作为一个员工，对上司工作的每一步安排，都必须服从并认真履行，一项完美的工作正是由这样一环扣一环的执行构成的。

不服从上司的工作安排，后果只能是付出代价，就像下文中的玛利小姐，擅自做主最后招致解雇。

"糟了，糟了！"沃尔玛采购部的经理摩尔放下电话，就叫嚷了起来，"那家便宜的东西，根本不合规格，还是迈克尔的货好。"他狠狠地捶了一下桌子，"可是，我怎么那么糊涂，还发 E-mail 把迈克尔臭骂一顿，还骂他是骗子，这下麻烦了！"

"是啊！"秘书玛利小姐转身站起来说，"我那时候不是说吗，要您先冷静冷静，再写信，您不听啊！"

摩尔说："都怪我在气头上，以为迈克尔一定骗了我，要不然别人怎么那么便宜。"

摩尔来回踱着步子，突然指了指电话说："把迈克尔的电话告诉我，我打过去向他道个歉！"

玛利一笑，走到摩尔桌前说："不用了，经理。告诉您，那封信我根本没发。"

"没发？"摩尔惊奇地停下脚步，问道。

"对！"玛利笑吟吟地说。

摩尔坐了下来，如释重负，停了半晌，又突然抬头问："可是，我当时不是叫你立刻发出的吗？"

"是啊，但我猜到您会后悔，所以就压了下来！"玛利转过身，歪着头笑笑。

"压了3个礼拜？"

"对！您没想到吧？"

"我是没想到。"

摩尔低下头去，翻记事本："可是，我叫你发，你怎么能压？那么最近发南美的那几封信，你也压了？"

"那倒没压。"玛利的脸更亮丽了，"我知道什么该发，什么不该发！"

"是你做主，还是我做主？"没想到摩尔居然霍地站起来，沉声问道。

玛利呆住了，眼眶一下湿了，颤抖着问道："我，我做错了吗？"

"你做错了！"摩尔斩钉截铁地说。

玛利被记了一个小过，但没有公开，除了摩尔，公司里没有任何人知道。真是好心没好报！一肚子委屈的玛利，再也不愿意伺候这位是非不分的上司了。她跑到克里经理的办公室诉苦，希望调到克里的部门。

"不急，不急！"克里笑笑，"我会处理。"

隔两天，果然做了处理，玛利一大早就接到一份解雇通知。

作为企业的员工，你必须知道，无论你帮上司管了多少事情，也无论上司多糊涂，甚至依赖你到连电话都不会拨的程度，但他毕竟还是你的上司，任何事也毕竟还是由他做主。所以，你也必须服从。

想要使自己在职场上立住脚，必须要视服从为天职。

尊重上司是所有组织的要求，上司是公司事业的核心力量，公司虽然没有森严的等级制度，但也有着最基本的上下级关系。在工作中，彼此地位身份不同，处理问题也有不同的方式，即使上司有所偏颇，你也应该冷静下来，找机会慢慢把问题分析清楚，而不应一时冲动使矛盾升级，使事态扩大。其中最重要的是作为上司，他要维护自己的尊严、权威，你如果当面指责，会产生不良后果。

不尊重自己的上司，或者说冒犯上司的权威，实际上就是在和自己过不去。当你与上司相处时，必须小心谨慎，来不得半点疏忽。因为有时候，才干和成绩只是晋升中的某些因素，与上司的关系往往是决定的因素。

身为下属，最忌讳的就是冲撞上司、挑战权威。如果上司对你发脾气的时候，脾气发得对，你就必须承认错误，并且做出改正的承诺，而不是为错误进行辩护。上司最希望的是你能知错认错，把给工作造成的损失弥补回来。假如他的脾气发得不当，你可以用恰当的容易让人接受的方式给他指出并且向他把事情解释清楚，你这样与他达成谅解后还可以为他提供一些解决问题的建议。

受到上司批评时，最需要表现诚恳的态度，以便改进工作方法。如果你对批评置若罔闻，而且还我行我素，这种效果比当面顶撞上司更糟糕。接受批评能体现对上司的尊重，表示你能理解上司。错误的批评可能也有其可接受的出发点，你若能处理得好，反而能变成对你有利的因素。

无论在公开或私下，讨论问题要掌握方式、方法、场合及时机。在讨论会上，你可以发表一些独立的见解，但一定要对上司的工作予以充分的肯定，甚至为他作一些解释。这不仅是维护上司威信和尊严的需要，也是工作的需要。找个适当的时机，委婉地阐述一下自己的看法，这样上司一定会意识到自己工作中的失误并愉快地加以改正。

另外，你还要学会去体谅上司。如果你能换位思考站在他的位置上去思考问题，就会更好地理解到有时上司的言行不一定是对下属的苛求，换了你可能也会一样。求全责备是为人处世的大忌，你如果反驳和指责上司的话，会产生不良后果。你必须明白，服从上司是天职，即使他的命令是错的，你也要先应承下来，然后找适当的机会慢慢和他沟通。

百分百执行

　　狼是纪律性极高的猎手，头领的集会号令即是军令，无论身处何地，只要听到召唤，都要尽快地寻声前往，集体作战。只要头领发现目标，一声令下，狼群就会迅速执行，决不贻误战机。

　　工作中，比遵守纪律、服从命令更高的要求就是百分百执行。

　　我们生活一世，劳作一世，也应创造一世。我们承受上天的恩赐，获得食物、水、房屋和田地，还有妻子、丈夫和儿女。我们为政府或军队工作，也为私人或机构工作。我们每天只是机械地完成我们的工作，从不去考虑我们为什么要工作、怎样把工作做得更好？如果我们流了汗，我们得到了"勤奋"的奖励，但是我们从不去想我们是否浪费了更多的时间、资源，我们是否可以通过提高效率和提升执行力使这个工作变得更有价值？

　　时代在继续向前发展，每一个人都有展现自己舞台的机会。为什么有的人能当总统，有的人却不能？为什么有的人是有钱人，有的人却一贫如洗？为什么有的人做什么成什么，有的人却一生一事无成？像格兰特那样，把事情做到最好，你就有机会成为最成功的人。

　　这个世界已经与你以前所认识的世界完全不一样。以前，当你在浑浑噩噩时，别人可能在发奋图强。今天，当你在奋斗，别人也照样在奋斗；当你在学习，别人也照样在学习。命运不再垂青那些仅仅懂得基本生存技能的人们，而是垂青那些像格兰特一样工作的人，主动执行的人，善于完成任务的人。

　　这个世界的机会是留给这些人的，他们懂得完成任务的技巧和艺术，他们不仅知道要完成任务，还知道怎样完成任务，怎样把事情做得最好。

　　让我们像格兰特那样去执行，去把事情做得最好！

　　军队，需要士兵忠于职守，执行命令百分百，不打折扣！

　　社会，需要公民遵守法纪，履行义务百分百，不打折扣！

　　公司，需要员工完成任务，执行计划百分百，不打折扣！

　　接受了任务，意味着做出了承诺，做出了承诺，意味着不打折扣、百分百地去执行。

执行百分百，不打折扣，需要员工在完成任务的过程中严格按照公司的既定计划行事，一步一步地做，不折不扣地做，而不是自行其是，另搞一套！

任何一位老板都会考察一下新员工的能力，只要你不打折扣地执行老板的命令，你将很快得到提升。查理的故事讲明了这一切。

查理到某大公司应聘部门经理，老板提出要有一个试用期。但出乎查理意料的是上班后被安排到基层商店去站柜台，做销售代表的工作。一开始查理根本无法理解，但还是毫无怨言地坚持了3个月。后来，他认识到，自己对这个行业不熟悉，对这个公司也不是很了解，确实需要从基层工作做起，才可能全面了解公司，熟悉业务，何况自己虽然做的是销售代表的工作，但拿的仍是部门经理的工资。

尽管实际情况与自己最初的预想有非常大的差距，但是查理明白这是老板对自己的一种考验，他坚持下来了。3个月以后，他负责部门的所有工作，结合3个月最基层的工作经验，查理带领团队取得了骄人的成绩。半年后，公司经理调走了，他得以提升；一年以后，公司总裁另有任命，他被提升为总裁。在说起往事时，他颇有感慨地说："当时忍辱负重地工作，心中别提有多委屈，但我也明白这是老板在考验我的忠诚度，于是坚持了下来，最终获得了老板的信任。"

不要问公司给予了你什么，要问你为公司做了什么。只要你在工作的过程中不打折扣地执行公司的命令和决议，不找任何借口，你的付出终将有回报。

不找任何借口，需要你百分之百、不打折扣地去执行！

全面完成任务，需要你百分之百、不打折扣地去执行！

追求卓越，创造辉煌，需要你百分之百、不打折扣地去执行！

下面是提升执行力的几点建议：

1．对工作专注用心

对工作专注用心是做好任何事情的前提条件，在执行工作任务时，先把心思集中到如何快速、高效完成任务的思考上来。

2．速度第一

执行力高低的一个衡量尺度是快速行动，因为速度现在已经成为决定成

败的关键因素。当然快与慢是辩证的，因为快速执行并不是要求你为了完成目标而不计后果，并不是允许任何人为了抢速度而降低工作的质量标准。迅捷源自能力，简洁来自渊博。员工的快速执行首先要建立在强大的思维能力基础之上。杰出的员工能够不断探寻业务模式和事物的因果关系，能够尝试从新的角度看问题。

3. 注重团队协作

你的工作往往不是孤立的，要出色完成上司交代的工作，必然要依靠团队协作。强调执行力绝不是要让你单枪匹马地闯荡，而是协同团队共同前进。

组织的团队精神包括四个方面：

同心同德：组织中的员工相互欣赏，相互信任；而不是相互瞧不起，相互拆台。员工应该发现和认同别人的优点，而不是突显自己的重要性。

互帮互助：不仅是在别人寻求帮助时提供力所能及的帮助，还要主动地帮助同事。反过来，我们也能够坦诚地乐于接受别人的帮助。

奉献精神：组织成员愿为组织或同事付出额外努力。

团队自豪感：团队自豪感是每位成员的一种成就感，这种感觉集合在一起，就凝聚成为战无不胜的战斗力。

勇于承担责任

狼是具有强烈责任感和负责精神的动物。狼群的领导者主要是由一对属于最高阶级的阿尔法公狼和母狼担任，并由一对次高级的贝塔公狼和母狼担任组织的管理中坚，其余基层组织的狼群，都属于社会组织最低阶级的欧米佳狼。

"阿尔法公狼具有强壮的体格、咄咄逼人的性格以及撼人的勇气，它在群体中的狩猎能力、决策能力都是一流的，是整个狼群的绝对领导者，是该族群的中心及守备生活领域的主要力量。同时，阿尔法公狼也是一个典型的管理者，一旦捕到猎物，总是由它来分配。对于狼群中的母狼及幼狼，阿尔法公狼要承担照顾的责任。"

"阿尔法母狼主要辅佐它的伴侣以及其他担任领导的中坚分子，组成领导团体。阿尔法母狼的个性基本上与阿尔法公狼相匹配，它可以控制狼群中所有的雌狼及大多数雄性。一般来说，阿尔法公狼着重于对其他公狼的操控，阿尔法母狼则负责其他母狼的管理。"

职场中，员工的责任感，也是衡量优秀与否的重要标准。

责任感是人走向社会的关键品质，是一个人在社会上立足的重要资本。一个单位总是希望把每一份工作都交给责任心强的人，谁也不会把重要的职位交给一个没有责任心的人。

有责任感的员工都不会推脱他们所应负的责任，他们深知，责任就像杜鲁门总统的座右铭那样："责任到此，不能再推！"

主动要求承担更多的责任或自动承担责任，是我们成功的必备素质。

人们能够做出不同寻常的成绩，是因为他们首先要对自己负责。

没有责任感的公民不是好公民，没有责任感的员工不是优秀的员工，没有责任感的人不是完整成熟的成年人。

在任何时候，责任感对自己、对国家、对社会都是不可或缺的。

要将责任感根植于内心，让它成为我们脑海中一种强烈的意识，在日常行为和工作中，这种责任意识会让我们表现得更加卓越。

我们经常可以见到这样的员工，他们在谈到自己的公司时，使用的代名词通常都是"他们"而不是"我们"，这是一种缺乏责任感的典型表现，这样的员工至少没有一种"我们就是一整个儿"的认同感。

责任感由许多小事构成。但是最基本的是做事成熟，无论多小的事，都能够比任何人做得都好。

有一个例子可以说明责任感对一个人的工作的重要性：

有一次，一个小伙子向一位作家自荐，想做他的抄写员。条件谈妥后，作家就让那小伙子坐下来开始工作，但是小伙子却朝外边看了看教堂的钟，然后心急火燎地对作家说："我现在不能待在这里，我要去吃饭。"

作家说："对，你必须去吃饭，你必须去。现在，请为你今天等着去吃的那顿饭祈祷吧，不过我们两个永远都不可能在一起工作了。"

吃饭的确重要，但小伙子不明白，和他所应承担的责任比起来，这时候吃饭应该退居次要位置。

　　工作就意味着责任。在这个世界上，没有不需承担责任的工作，相反，你的职位越高、权力越大，你肩负的责任就越重。

　　无论责任多大，都不要害怕承担责任，要给自己制定目标：我一定可以承担任何正常职业生涯中的任何责任，我一定可以比前人完成得更出色。

　　在一所大医院的手术室里，一位年轻护士第一次担任责任护士。

　　"大夫，你取出了 11 块纱布。"她对外科大夫说，"我们用的是 12 块。"

　　"我已经都取出来了。"医生断言道，"我们现在就开始缝合伤口。"

　　"不行。"护士抗议说，"我们用了 12 块。"

　　"由我负责好了！"外科大夫严厉地说，"缝合。"

　　"你不能这样做！"护士激动地喊道，"你要为病人负责！"

　　大夫微微一笑，举起他的手，让护士看了看第 12 块纱布，"你是一位合格的护士。"他说道。他在考验她是否有责任感——而她具备了这一点。

　　在医院里，即使是刚参加工作的护士，她的责任感也足以使她对病人负责，保证了做手术病人的安全。

　　在企业里，员工的责任意识也是如此。

　　现在很多企业都在寻找各种方式和方法来提高工作的绩效。不过很多企业发现，无论是优秀的管理模式还是先进的管理经验，一应用到自己的公司就"不灵"了，工作绩效并没有明显的提高。

　　这是为什么呢？

　　无论是优秀的管理模式还是先进的管理经验，归根结底还需要人来做。如果不能从根本上改变人，所有的努力都将是无意义的，美好的愿望也只是愿望了，而不会转化为实际的效果。正如三星集团 CEO 李亨道所说："钱很容易有，但是要有各方面的人才。因为战略是人制定的，也是人执行的。集中发展和多元化要看各个企业不同的现实，但是不管哪种情况，关键都是拥有各行各业的人才储备。"

　　责任与绩效之间的关系应该是正比例的关系。当一方面提高时，另一方面也随之提高；反之，当一方面下降时，另一方面也随之下降。所以，要提高工作绩效，首先要确保员工的责任感。"责任保证绩效"，著名管理大师德鲁克这么认为。很多的企业管理者也都从这句话里悟出了提高绩效的根本所在。

对于员工而言，责任意味着他在自己的工作范围之内要把该做的都做好。明确责任，这是提高工作绩效的前提。

一个企业的老总说，现在有些员工，只想着报酬，却很少愿意付出，缺乏责任意识，更不愿意承担责任。

在一些员工看来，只有那些有权力的人才有责任，而自己只是一名普通下属，没有什么责任可言。一旦出现错误，有权力的人理应承担责任。有这样想法的员工，根本没有意识到自己的责任。

企业是由每一个人组成的，大家有共同的目标和共同的利益，因此，企业里的每个人都肩负着企业生死存亡、兴衰成败的责任。这种责任是不可推卸的，无论你的职位是高还是低。唯有每个人都担当起自己的责任，才能保证企业的顺利发展。没有意识到这一点，就是失职。

一个不负责任、没有责任意识的员工，不但不会忧企业之忧，想企业之想，而且有可能给企业带来损失。

一位零售业经理在一家超市视察时，看到自己的一名员工对前来购物的顾客极其冷淡，偶尔还发发脾气，令顾客极为不满。

这位经理问清缘由之后，对这位员工说："你的责任就是为顾客服务，令顾客满意，并让顾客下次还到我们这里来，但是你的所作所为是在赶走我们的顾客。你这样做，不仅没有担当起自己的责任，而且使企业的利益受到损害，你懈怠自己的责任，也就失去了企业对你的信任。一个不把自己当成自己企业一分子的人，就不能让企业把他当成自己的人，你可以走了。"

在一家500强企业里，员工责任感的高低在很大程度上能够决定一个企业的命运。而员工责任感的匮乏，往往会成为一个企业运营不善的直接原因。那些缺乏责任感的员工，不会视企业的利益为自己的利益，也就不会处处为企业着想，这样的员工被解聘是迟早的事。

一个企业一定要有明确的责任体系。权责不明不仅会出现责任真空，而且还容易导致各部门之间或者员工之间互相推诿责任，把自己置于责任之外，这样做的结果使整个公司的利益受到损害。明确的责任体系，是让每一个人都清楚自己做什么，应该怎么做。

"当一群人为了达到某个目标而组织在一起时，这个团队立即产生唇齿相依的关系。"目标是否能实现，是否能达到预期的工作绩效，取决于团队中的成员是否都能对自己负责，对同伴负责，最终对整个团队负责。明确责任体系就是保证成员能够成功地完成这一任务。

此外，明确的责任体系还可以使团队中的成员能够依据这个责任体系建立权责明确的工作关系，这样团队中的成员对自己的任务就是责无旁贷的，而且有助于成员之间彼此信守工作承诺，最终确保任务的完成。

对于一个团队而言，不仅要有明确的责任体系，还应该建立以"责任"为核心的企业精神，使"责任"这两个字成为团队精神的核心。我们经常会听到"责任"这两个字：很多企业的领导者认为，这是人人都烂熟于心的概念，谁不知道自己应该承担责任呢，然而事实上是，这两个字只是烂熟于耳，真正往心里去，并且能够做到的又有几个人呢？对于很多企业来说责任精神亟待重建。

不管路途再远，全美最成功的零售商诺斯多姆公司，永远愿为顾客多跑一趟，所以它的利润也最高。奥瑞岗州有位老师沙维琪，想买两本诺斯多姆公司出版的《围巾用法手册》，这本小书的价钱仅为1美元。这趟生意诺斯多姆公司接了。4个星期后，小书送到，而且不收服务费。更让人觉得不可思议的地方是，沙维琪住在160英里外，诺斯多姆公司为了送只价值2美元的产品而劳累奔波，不赚反赔。当然，沙维琪自此成为诺斯多姆公司的忠诚顾客。诺斯多姆公司做那2美元的生意，你认为值得吗？然而，诺斯多姆公司觉得值得。他们愿意做别人不愿做的事情，正因为他们愿意做别人不愿意做的事情，他们也得到了别人得不到的东西。

诺斯多姆公司能够创造别的零售商不能创造出的绩效，就是因为它的每个员工都把"责任"作为企业精神的核心。

责任是成果，责任是创新，责任是效率，责任是生存，责任是企业的立命之本。

只有认清自己的责任，才能知道该如何承担自己的责任，正所谓"责任明确，利益直接"。也只有认清自己的责任时，才能知道自己究竟能不能承担责任。因为，并不是所有的责任自己都能承担，也不会有那么多的责任要你来承担，生活只是把你能够承担的那一部分给你。

学会认清责任，是为了更好地承担责任。首先要知道自己能够做什么，然后才知道自己该如何去做，最后再去想我怎样做才能够做得更好。

在一家企业里，每个人都有自己的责任。但要区分责任和责任感是不一样的概念，责任是对任务的一种负责和承担，而责任感则是指一个人对待任务的态度，一个员工不可能去为整个公司的生存承担责任，但你不能说他缺乏责任感。所以，认清每一个人的责任是很有必要的。

认清自己的责任，还有一点好处就是，有可能减少对责任的推诿。只有责任界限模糊的时候，人们才容易互相推脱责任。在企业里，尤其要明确责任。

在一个企业里工作，首先你应该清楚你在做些什么。只有做好自己分内工作的人，才有可能再做一些别的什么。相反，一个连自己工作都做不好的人，怎么能让他担当更重的责任呢？总有一些人认为，别人能做的自己也能做，事实上，就是这样的一些人才什么也做不好。

失去强烈责任感的人，才会埋怨找不到事做或者怀才不遇。那些具备强烈责任感的人，从不会在别人面前诉苦，他们知道埋头苦干才是人生唯一出路。那么用什么样的办法才能够培养自己强烈的责任感呢？

第一，端正自己的态度。一个人只有具备了良好的生活态度，才会产生出一股强烈的责任感。

第二，要有远大的人生目标。目标是一盏灯，它指引着我们生活的正确航向，为了实现目标，我们才会产生出强烈的责任感。

第三，一心为自己的理想和事业奋斗。

第四，要有"博爱"思想。爱自己，也爱家人、亲戚、朋友。为了让他们过得幸福和快乐而努力奋斗，这样也会产生出一股强烈的责任感。

第六章

忠诚品质，胜于能力

忠诚是狼与生俱来的本性。忠诚是一种美德，更是一种风骨。在狼族的世界里，它们不可能知道这样的概念，但它们却知道这样去做。在很多时候，狼族的忠诚表现令人类汗颜，它们的行为和品质比人类中那些"小人"要高尚得多。

绝不背叛

在狼族世界里，每只狼都将"绝不背叛"当作生命的第一要义，并且时刻以其为行动的准则。也正是由于做到了这一点，才在其他种群日益濒临灭绝的情况下，它们依然顽强地生存着，而且越来越强大。

在北美的原始森林里生活着一群狼。一天，有两匹狼结伴外出狩猎，大雪过后的森林几乎没有任何动物出来觅食，它们就这样没有目的地四处寻找着。突然，其中一匹狼发现前面有一溜兔子留下的脚印，于是它开始顺着这些痕迹追踪至一棵大树下。就在它仔细分辨脚印的去向时，一不小心触到了猎人专门为捕捉野兽而设下的捕兽钢夹中。这匹狼的前腿被牢牢地夹住，夹子上面粗大的钢针一下子刺穿了它的肌肉。随着一声凄厉的嚎叫，在附近狩猎的另一匹狼迅速跑了过来，见此情景，它围着受伤的狼焦躁地转了一圈又一圈，不停地用前爪试探着钢夹，试图打开它救出同伴。

在这个过程中，施救的狼不断地警惕着四周，以防猎人在此刻巡查。施救的狼在经过一次次努力都宣告失败后，痛苦地望着同伴。受伤的狼渐渐绝望，随着时间的流逝，危险也在步步逼近。当施救的狼再次试图营救时，受伤的同伴向它发出了愤怒的吼叫，施救的狼明白，这是同伴让它远离危险的信号。

此时，它们都很清楚，在这里多待一分钟就越接近死亡，因为猎人随时有可能发现它们。就这样，它们彼此默默守望着对方，受伤的狼越发不安起来，它的眼睛充满了忧伤和愤怒，喉咙不时地发出沉闷的低啸，督促着同伴赶快离开，但施救的狼始终不肯离去。

这时，令人震撼的一幕发生了。只见受伤的狼张开大口，用自己锋利的牙齿狠狠地咬向被钢夹夹住的前腿，希望舍弃自己的一条腿来换取自己和同伴的生命。由于失血过多，这一举动显得有些无力，它把目光投向了同伴。显然，施救的狼被这一幕惊呆了。少顷，它明白了受伤同伴的意思。为了能够活命，它在受伤同伴的鼓励下，一口咬断了同伴被夹住的前腿。随后，毫不犹豫地背起同伴离开了危险的境地。

一个人若想在职场中立足，并且强大起来，同样不可缺少忠诚的品质。

忠诚是一种与生俱来的义务。你是一个国家的公民，你就有义务忠诚于国家，因为国家给了你安全和保障；你是一个企业的员工，你就有义务忠诚于企业，因为企业给了你发展的舞台；你是一个老板的下属，你就有义务忠诚于老板，因为老板给了你就业的机会；你在一个团队中担任某个角色，你就有义务忠诚于团队，因为团队给了你展示才华的空间；你和搭档共同完成任务，你就有义务忠诚于搭档，因为搭档给了你支持和帮助。总之，忠诚不是讨价还价，忠诚是你作为社会角色的基本义务。

真正的忠诚是一种发自内心的情感。这种情感如同对亲人的情感、对恋人的情感那么真挚。对祖国忠诚，是因为你热爱祖国；对企业忠诚，是因为你热爱企业；对老板忠诚，是因为你对老板心存感恩；对同事忠诚，是因为你发自内心信任你的同事。

事实上，忠诚并不是没有回报。忠诚的人，能够得到忠诚的回报，以及其他想得到的东西。凯撒大帝说过："我忠诚于我的臣民，因我的臣民忠诚于我。"

任何一样东西，包括工作，人们在拥有时常常不懂得珍惜。当人们在某个组织里平平稳稳地工作着时，他们常常忽视这份工作于他们自己生存和家人温饱的重要性，而常常把更多的精力放在计较工作得失和计较回报上面。

他们总觉得自己付出的太多，得到的太少，总觉得别人更轻松，别人得到更多。在他们的潜意识中，拥有这份工作是理所当然的，得到越来越多的回报也是理所当然的。

你应该记住，企业首先不会给你什么，但你如果给了企业绝对的忠诚，忠诚一定会回报你，它包括薪水以及荣誉。忠诚与回报，不一定是成正比关系，但一定是同步增长的，忠诚度越高的员工，所创造的价值肯定越多，所获取的回报肯定也越多。

忠诚是不讲条件、不讲回报的，也不分场合。无论老板在还是不在，员工都应秉持这一品质。

方成丝钉厂是中部省份的一个县办集体所有制企业，20 世纪 70 年代，工厂的业务特别红火。虽然那时还是计划经济，各种原材料都要依靠计划指标才能购置，但该厂的产品却远销全国各地。

到 20 世纪 80 年代，东南沿海地区开始在计划之外做市场，这种丝钉类的产品没有多少技术含量，逐渐被沿海地区价格更便宜、质量更好的产品所替代。

产品滞销，工厂的日子当然越来越不好过，慢慢地开始只能发 70% 的工资，有时甚至连 70% 的工资也不能保证按时发放。很多员工对此很是不满，有的开始在下班的时候往工具包里装钉子，然后到集市上低价倒卖。时间长了工厂越发亏损。

为防止工人下班偷钉子，工厂曾经在大门口安放了大型吸铁石和报警器，搞得人人自危。结果可想而知，工厂最后还是垮了。

垮掉的结果是什么呢？除了有点技术的年轻人离开了工厂，绝大多数的工人从此再也找不到工作。工厂之所以倒闭，缺乏产权约束是一个重要的原因，因为那毕竟是一个集体所有制企业，没有真正的老板，因此没有对工厂的生死存亡负责的人。

但是，如果从员工的角度看，无论如何，这是自己赖以生存的地方，没有了工厂，自己也就失去了劳动的场所，失去了创造价值的地方，失去了工资来源，苦的还是自己。

对老板而言，公司的生存和发展也需要员工的忠诚。

现在的公司已经完全不同于原来的工厂，许多公司都是老板辛苦创办的，老板投入了大量的资金，目的就是赚钱，同时也承担着难以收回投资甚至破产的风险。但是，企业的利润是由老板和员工共同创造的，所以，老板只有首先支付员工的工资、保险和奖金，才能获得剩余的利润。

为了自己的利益，每个创办公司的老板都会尽可能留用那些对公司忠诚的员工。这是因为：即使老板不在的时候，他们也一样努力工作，为公司服务，把公司作为自己施展才华的平台。

一个优秀的员工必须深刻地意识到：自己的利益和公司的利益是一致的，必须全力以赴，努力工作，用创造出来的成绩赢得老板的信任。

对老板的忠诚就是对公司忠诚，也是对自己忠诚。

比尔是一家网络公司技术总监。由于公司改变发展方向，他觉得这家公司不再适合自己，决定换一份工作。

以比尔的资历和在行业的影响，还有原公司的实力，找份工作并不是件困难的事情。有很多家企业早就盯上他了，以前曾试图挖走比尔，都没成功。这一次，是比尔自己想离开。真是一次绝佳的机会。

很多公司都抛出了令人心动的条件，但是在优厚条件的背后总是隐藏着一些东西。比尔知道这是为什么，但是他不能因为优厚的条件就背弃自己一贯的原则。比尔拒绝了很多家公司对他的邀请。

最终，他决定到一家大型的企业去应聘技术总监，这家企业在全美乃至世界都有相当的影响，很多 IT 业人士都希望能到这家公司来工作。

对比尔进行面试的是该企业的人力资源部主管和负责技术方面工作的副总裁。对比尔的专业能力他们并无挑剔，但是他们提到了一个使比尔很失望的问题。

"我们很欢迎你到我们公司来工作，你的能力和资历都非常不错。我听说你以前所在公司正在着手开发一个新的适用于大型企业的财务应用软件，据说你提了很多非常有价值的建议，我们公司也在策划这方面的工作，能否透露一些你原来公司的情况，你知道这对我们很重要，而且这也是我们为什么看中你的一个原因。请原谅我说得这么直白。"副总裁说。

"你们问我的这个问题很令我失望，看来市场竞争的确需要一些非正常的手段。不过，我也要令你们失望了。对不起，我有义务忠诚于我的企业，即使我已经离开，到任何时候我都必须这么做。与获得一份工作相比，信守忠诚对我而言更重要。"比尔说完就走了。

比尔的朋友都替他惋惜。因为能到这家企业工作是很多人的梦想。但比尔并没有因此而觉得可惜，他为自己所做的一切感到坦然。

没过几天，比尔收到了来自这家公司的一封信。信上写着："你被录用了，不仅仅因为你的专业能力，还有你的忠诚。"

现代企业之间竞争激烈，其中也有许多不正当的竞争手段，作为员工这是面临考验的时刻。跳槽是一种谋求自我发展的手段，但也要科学地看待它，频繁跳槽显然不利于员工自己和企业的发展。

跳槽对人的职业发展而言是一把双刃剑。过于频繁地更换单位或者工作，并不利于专业经验和技能的积累。

在人力资源部经理眼中，大学毕业后第一个5年中出现的跳槽经历根本不能为自己加分，即使被录用也只能当新手培训；毕业后干满5～6年以后，才能被列为初步有经验的人员，可以作为熟练人员录用，在一线独当一面；毕业后干满8～9年的工作可以加不少分。毕业后5年内跳槽次数越多，常常使你已获取的工作经验贬值得越厉害，从而出现不是"报酬往高处"走，而是"报酬踏步不前"的状态，在别人每年都从业绩良好的公司里按部就班取得5%、15%的加薪时，你的踏步不前事实上就是"水往低处流"了。

俗话说，"滚石不生苔"，跳槽太过频繁的人，往往得不偿失。因为工作能力的培养，都要经过一个相对长的时间。如果经常跳槽转行，往往容易成为"万金油"，即什么都会一点，但什么都不精通、都不专业，哪家公司也无法用你。

跳槽并不一定会失败，但也不见得一定会成功，因为世界上没有绝对的事。跳槽犹如一把双刃剑，有时受伤的是自己。

作为一名员工要看清自己，摆正自己的位置。薪水的多少、工作环境的好坏、专业的对口与否都不重要，最重要的是工作时的心情。

职业选择是为了寻找一个最适合自己的工作岗位，从而发挥自我价值，有所作为。所以选择职业一定要慎重、认真，本着对自我发展负责的态度，既不要高估自己也不低看自己，早日确定自我努力的方向、领域、待遇要求。一旦工作确定，就要认真干一段时间，争取早点干出成效来，以作为个人能力的证明。同时要有清醒的头脑，知道自己的斤两，对自己无法胜任、引不起兴趣的岗位即使待遇再诱人也别去。如果自己没有一个明确定位，能干什么、不能干什么都搞不清，长此下去，结果在哪儿也扎不下根，只能毁掉自己的前程。

成为老板的忠诚助手

随着人们对狼的了解越来越深，狼身上最显著的忠诚特性，使得人们对狼的好感大增，也使狼族蒙上一层耀眼的光辉。

在极其偏远的地区，有一对夫妇和他们的两个儿子住在他们自己搭的小木屋里。这一家庭还包括他们养的两匹狼。当初它们的母亲被人不分青红皂白地开枪打死，两只嗷嗷待哺的狼崽只有死路一条。这家人从狼窝中把它们抱回了家。这两匹狼和人在一起生活，以他们为伴，这个家是它们所知道的唯一的家。

一天，夫妇俩正在离家约一英里的地方伐木，这时一个孩子不小心打翻了家里一盏煤油灯（当时那里没通电），熊熊大火开始吞噬小木屋。由于烟熏火燎，连惊带吓，屋里的两个小男孩呆住了，被困在里面。两匹狼立即向烈火肆虐的木屋冲去。孩子的父母还离得很远，于是两匹狼挣扎着奋力冲进小屋，把两个孩子拖到屋外的安全地带。两匹狼都被大火严重烧伤了，它们对主人的忠诚，足以感动人心。

获得老板的信任和重用，其实不难，只要你具备忠诚的品质，你就可以成为老板最信赖的助手。

一个年轻人在他的父母、导师、雇主或其他人的眼中，最可贵的品质恐怕就是忠诚了。关于这一点，许多人的观念中好像都存在着这样一个令人费解的误区，他们几乎都认为不管他们从事什么样的工作，他们都不应该对自己的父母有半点隐瞒。但是，有一些年轻人对自己的雇主却不能怀有这种绝对的忠诚之心，故意在他们的监督者不在的时候把事情弄得一团糟，这样的人是绝对不能任用的。

但在对雇主的忠诚方面，我们除了应该做好分内的事情之外，希望看到年轻人能够表现出对雇主事业兴旺和成功的兴趣，不管雇主在不在场，都要像对待自己的东西一样照看好雇主的设施和财产。一些年轻人有这样的倾向，那就是如果老板所赚的利润都给他一个人的话，他才能比平时更加勤奋、谨慎、节俭和专心，这样的人永远也达不到想象中的成功。

很多人，如果你说他对雇主的忠诚不足，他会这样辩解："忠诚有什么用呢？我又能得到什么好处？"很多年轻人干活的时候敷衍了事，做一天和尚撞一天钟，从来不愿多做一点儿工作；但到了玩乐的时候却是情绪万丈，得意的时候春风满面，领工资的时候争先恐后。修好墙上或者是栅栏上的一个破洞用不了几分钟，却能给雇主节省一大笔钱，但那个时代已经一去不复返了！帮老板把几箱货物放在该放的地方，随时记下几笔零碎的账目，都只不过是举手之劳，却可以给老板省下很多时间或金钱，一个忠诚的会计可以帮老板很大的忙。如果是自己的生意，你会袖手旁观，置之不理吗？当然不会，那么受人所雇，就不应当尽力把事情做好吗？

聪明的老板都知道一个忠诚的助手对自己的意义。一个忠诚的助手胜过一大沓订单。因为一个忠诚的助手对于老板而言，不仅增加了金钱方面的优势，更重要的是为老板分担了很多精神上的负担，能够让老板有真正的放松和休闲。

所以，很多老板都在寻找忠诚的助手。真正聪明的老板永远都不嫌助手太好。很多老板都认为，最有价值的助手最基本也最可贵的品质就是忠诚。

著名商业大师巴纳姆认为："如果你得到一个好帮手，最好能一直把他留在身边，而不要换来换去。他每天都能够有新的收获，你可以因为他经验的积累而获益匪浅。他对你的价值今年比去年大，无论如何你都不应该让他离开，如果他没有不良习惯并且一直对你忠心耿耿。"看来，老板们并不想频繁地更换自己的助手，如果作为助手的你对老板忠诚的话。因为你的忠诚对于你的老板而言，不仅是利益的需要还是精神的需要。助手的背叛对老板而言，比失去了一个绝好的商业机会更令他痛心。所以，忠诚是你成为一个优秀助手的必要条件。

玛丽长得并不好看，学历也不太高，她在一家房地产公司做电脑打字员。她的打字室与老板的办公室之间只隔着一块大玻璃，老板的举止她可以看得清清楚楚，但她很少向那边多看一眼。她每天都有打不完的材料，她知道工作认真刻苦是她唯一可以和别人一争长短的资本。她处处为公司打算，打印纸都不舍得浪费一张，如果不是紧要的文件，她会把一张打印纸两面用。

　　一年后，公司资金运作困难，员工工资开始告急，人们纷纷跳槽，最后总经理办公室工作人员就剩下她一个了。人少了，玛丽的工作量也陡然加重，除了打字还要接听电话，为老板整理文件。有一天她走进老板的办公室，直截了当地问老板："您认为您的公司已经垮了吗？"老板很惊讶，说："没有！""既然没有，您就不应该这样消沉。现在的情况确实不好，可很多公司都面临着同样的问题，并非只有我们一家。虽然您的2000万美元砸在了工程上，成了一笔死钱，可公司没有全死呀！我们不是还有一个公寓项目吗？只要好好做，这个项目就可以成为公司重整旗鼓的开始。"说完她拿出了那个项目的策划文案。

　　很快，玛丽被派去负责那个项目。3个月后，那片位置不算好的公寓全部先期售出，玛丽为公司拿到了5000万美元的支票，公司终于有了起色。

　　以后的几年内，玛丽作为公司的副总经理，帮着老板做了好几个大项目，并成功地帮助公司改制，老板当上了董事长，她也成为新公司第一任总经理。

　　在庆典酒会上，老板请玛丽为在场的数百名员工讲几句话。玛丽说："一要用心，二没私心。"

　　确实，很多人一边在为公司工作，一边在打着个人的小算盘，这怎么能让公司赢利呢？世界上有些道理本是相通的，比如，夫妻双方应该彼此忠诚，公司和员工也应该彼此忠诚。只有这样，家庭才能和顺，公司才能发达。我们在任何时候都不能失去忠诚，因为它是我们的做人之本。忠诚会为一个人赢得朋友甚至敌人的尊敬，因为忠诚是人性的亮点。

　　一个人对自己的公司有一点儿不忠诚，很快就会被发现，这个时候，受损的就不只是他经济上的利益，更重要的是他的人格遭到了别人的质疑，一旦人们察觉到他的不忠诚，那么世界上通往成功的所有道路就会永远对他关闭，因为已经不可能还会有老板愿意用这样的一个人了。

　　要想做到忠诚，以下几点作为员工的你必须记住：

　　1．自觉服从

　　老板的能力可能比不上员工，优点可能也不多，但他毕竟是老板，所以员工应该拥戴他，听他指挥。人都有一种不服从人的心理，但对于比自己强的人还是要服从的，所以员工就应多寻找老板身上的优点，这样接受老板的命令会更自然一些。老板也许在起初对某个员工没有多少好感，但是，如果

能经常用行动表示出对老板的敬重和服从，时间久了老板自然会改变印象——这个员工不错，可以信任。

所以，作为员工本人，应抛弃那种以服从老板为辱的心理，认识到服从老板是相当必要的。

2．谦逊做人

谦逊自古以来就是中华民族推崇的一种美德。在现代社会中，在什么问题上都保持一团和气的姿态固然不太可取，但在与老板的交往中，谦逊是很有必要的。

你的谦逊，会让老板觉得你是一个不爱出风头、给人面子、会尊重人的好员工，同时也激发出了老板的荣誉感。这样还可以让更多的同事支持你，办事时你就会方便多了。

3．主动把过失自揽

大多数老板是闻功则喜、闻奖则喜的。在评功论赏时，老板总是喜欢冲在前面；而犯了错误或有了过失以后，许多老板都有后退的心理。此时，老板急需员工出来保驾护航，敢于代老板受过。

除了严重的、原则性错误不代老板受过之外，适当地替老板代过是无可非议的。

这样做实际上也是一项有着很大回报的投资，因为你替老板代过，赢得了他的感激和信任，以后老板肯定会报答你，用加倍的实惠来补偿你的损失。

4．积极行动

作为员工，要尽可能地用积极的行动表现出对老板的忠诚，以赢得老板对自己的信赖，这也是员工成为老板"自己人"的有效手段。对老板单独同你商量的事或你知道的老板的隐私都要守口如瓶，在老板出现困难或尴尬时努力为其解脱，对老板可能出现的不利状况及早提个醒儿。这些小手段都能给老板造成你是"自己人"的印象。

5．主动把功劳让给老板

对于员工来说，有些工作完成之后，要尽可能地把功劳归在老板名下，让老板脸上有光彩，以后他少不了再给你更多的建功立业的机会。如果你缺乏远大抱负，斤斤计较一己之得、一棋之胜，只喜欢让自己风光，可能就会得罪老板，得不偿失。

但需要注意的是，让功一事不可在外面或同事中张扬，否则不如不让的好，虽然这样做有可能埋没了你的才华，但你的老板总会找机会还给你这笔人情债的。

忠诚使人迈向成功

尽管狼是茹毛饮血的生灵杀手，但却从来没有听说过狼群自相残杀，它们始终对同类怀着绝对忠诚。正是这种难能可贵的品质，让狼族能够度过这漫长的岁月考验，存活下来。

同样，忠诚的员工才能在事业上获得真正的成功。企业的发展更是注重责任和忠诚。

日本著名企业家松下幸之助先生认为，一个放弃了责任和忠诚的企业，就会被成功所放弃，因为责任是保证企业方方面面能够正常运行的前提，而忠诚则可以帮助企业运行得更好。

企业管理者认为，忠诚度的高低与员工的离职率高低成反比，忠诚度高，离职率就低；忠诚度低，离职率就高。

一个企业的离职率越高，对一个公司的发展越不利，这不仅降低了企业的人心稳定性和员工的士气，而且新员工的增加还会增加企业的培训成本，此外离职的员工越多，越容易降低一家企业的信誉度，所以，一家企业必须增强自己的员工忠诚度。

此外，一些企业的员工在与客户往来过程中，收受回扣、索取好处等，更有甚者对企业内部需保密的情报不够重视，或故意泄密换取金钱，或充当商业间谍，因掌握商业秘密而跳槽至竞争对手那里，造成企业知识产权资本的流失，影响企业竞争优势的保持。

如此低的忠诚度极大地影响了企业的正常运行。这不但有可能让企业陷入困境，还会让企业蒙受巨大的经济损失。

忽略了对员工忠诚和责任感培养的企业，它会因缺乏责任和忠诚而受到惩罚。

到任何时候，企业都不能放弃责任和忠诚，无论这种责任和忠诚的指向是哪一方，顾客或者员工，只要能够保持这样一种企业精神和文化，就能够维系住企业的命脉——人。

企业成功的最直接推动因素就是人。能够坚守责任和忠诚的企业，就坚守住了企业的立命之本，就坚守住了企业的生存根基。

一位成功学家说："如果你是忠诚的，你就会成功。"忠诚是一种美德，一个对公司忠诚的人，实际上不是纯粹忠于一个企业，而是忠于人类的幸福。

健全的品格使你不会为自己的声誉担忧。正如托马斯·杰斐逊所说：成功之人就是敢作敢当的人。如果你由衷相信自己的品格，确定自己是个诚实可信、和善、谨慎的人，内心就会产生出非凡的勇气，而无惧他人对你的看法。

忠诚是一种特质，能带来自我满足、自我尊重，是一天 24 小时都伴随我们的精神力量。人既可以充分控制和掌握无形的自我，引导自己获得荣誉、名声及财富，也可以将自己放逐到失败的悲惨境地。

忠诚的人无论走到哪里都会得到人的信赖，无论从事什么样的工作都会有成功的机会。每个老板都会忠诚于自己开创和努力奋斗得来的事业，这一点毫无疑问。他会将忠诚、敬业、勤奋定位为公司的核心精神。对每一个雇主来说，员工的忠诚是他看重的首要条件，他们会以这些标准来选拔人才，并在经营管理的过程中反复地传播和灌输忠诚的理念。在一大群能力相当的员工中，老板更重视的是他们的忠诚敬业程度。无疑，那个忠诚度最高、敬业度最高的人会是他重用的对象。

虽然，考察一个人是否是好员工，有许许多多的素质要求——能力、勤奋、主动、正直、负责，但有一点是肯定的，老板更愿意信任那些足够敬业的人，即使他的能力稍微差一些，而不会重用一个三心二意、没有责任心的人，哪怕他技能一流。当然，既忠实又有能力的员工会更受欢迎，而现实是，少数人需要能力加勤劳，而多数人却在靠忠诚和勤劳。不管你的能力强还是弱，一定要具备忠诚敬业的品质。只要你真正表现出对公司足够的真诚。你就能得到老板的关注，他也会乐意在你身上投资，给你培训的机会，提高你的技能，因为他认为你值得他信赖，无论你从事什么样的工作，都会有成功的机会。

如果把公司比做航船的话，忠诚的人总是坚守着航向，即使遭遇大风大浪，他们也能镇静地掌稳船舵，乘着公司这艘大船不断驶向成功的前方。他们忠诚于公司，忠诚于老板，努力地工作，支持老板，为他出谋划策，帮助他完善决策上的不足。朋友的忠诚，在危险时刻最能表现出来，同样，员工对公司和老板的忠诚也是如此，需要在困难的时候经受考验。公司面临危机的时刻，正是检验员工忠诚敬业的时候。在公司危难的时候，忠诚敬业的人总是会和老板同舟共济。相反，那些缺乏敬业精神的员工，他们的航向一会儿往东，一会儿朝西，他们的许多时间都浪费在寻找工作上，却一次次被拒之于工作的大门外。

你不妨时常问你自己：我忠于公司吗？忠于老板吗？如何能证明我的忠诚呢？

忠诚于公司、忠诚于老板，实际上就是忠诚于自己。忠诚不同于一味地阿谀奉承，不用嘴巴说出来，要表现在你的行动和行为上。认可公司的运作，由衷地佩服老板的才能，这样你才能获得一种集体的力量，你就会产生一种要和公司一同发展的事业心。即使出现分歧，你也应该服从忠实的信念，求同存异，化解矛盾；悲观失望的时候，你也应该为和谐融洽的环境而努力；老板和同事有错误的地方，你应该坦诚地提出来，帮助他们改正。这样，忠诚敬业会让你的人生变得更加饱满，事业变得更有成就，让你的工作成为一种人生的享受。

第七章

善于沟通，懂得交流

对于狼群来说，交流沟通就是它们生存的保障。狼群有着严格的社会组织和等级制度，是世界上最团结的动物，所有这些都要求它们有完善的沟通系统。这也正是狼群生存的优势。

沟通是成功之道

狼的沟通交流能力是毋庸置疑的，而擅长观察是狼族的沟通秘诀。狼以自己的"语言"——成年狼的嗥叫声及声调高低之分，构成了不同的联络信号，以此与同伴保持联系。

有一回，克里斯勒夫妇在身陷绝境的情况下极不情愿地，然而又是成功地验证了狼族确实有自己特有的语言。那一次，他们在一座荒凉的大山里考察的时候，无意之中踏上了陌生狼群的势力范围。这天晚上祸事临头。12只狼把他俩薄薄的帐篷团团围住了。夫妻俩随身未带任何射击武器，情况危急万分。露易丝急中生智，她突然撕心裂肺般地嗥叫起来。离她几米远的地方就是龇牙咧嘴、跃跃欲试的群狼。这些狼竟然毫不怀疑这位嗥叫者就是其同类。它们马上跟着嗥叫起来，有几只狼还俯首帖耳地趴到露易丝的脚下，就像希腊神话中百兽俯伏在著名歌手奥尔甫斯面前一样。过了一阵子，12只狼立起身来，懒洋洋地跑开了，消失在茫茫的黑夜里。

职场离不开沟通，沟通无处不在。高超的沟通能力可以提高你的办事效率，而缺乏相应的沟通能力，注定你只能平平庸庸。

乌托的故事就很好地说明沟通的作用。

乌托从商店买了一套衣服，很快他就失望了，衣服会掉色，把他的衬衣的领子染上了色。他拿着这件衣服来到商店，找到卖这件衣服的售货员，向他陈述事情的经过。他倒是希望能得到商店的理解，可没做到，售货员总是打断他的话。

"我们卖了几千套这样的衣服，"售货员声明说，"你是第一个找上门来抱怨衣服质量不好的人。"他的语气似乎在说："你在撒谎，你想诬赖我们，等我给你个厉害看看。"

吵得正凶的时候，第二个售货员走了进来，说："所有深色礼服开始穿时都会褪色，一点办法都没有。特别是这种价钱的衣服，这种衣服是染过的。"

"我差点气得跳起来，"乌托先生叙述这件事时强调说，"第一个售货员怀疑我是否诚实，第二个售货员说我买的是二等品，我气死了。我准备对他说你们把这件衣服收下，随便扔到什么地方，见鬼去吧。正在这时，这个部门的负责人来了。他很内行，他的做法改变了我的情绪，使一个被激怒的顾客变成了满意的顾客。"他是怎么做的？

首先，他一句话也没讲，听乌托把话讲完。当话讲完后，那两个售货员又开始陈述他们的观点时，他才开始反驳他们，帮顾客说话。他不仅指出衣服的领子确实是因衣服褪色而弄脏的，而且还强调说商店不应当出售使顾客不满意的商品。后来他承认他不知道这套衣服为什么出毛病，并直接对顾客说："你想怎么处理？我一定遵照你说的办。"

几分钟前乌托还准备把这件可恶的衣服扔给他们，可现在乌托回答说："我想听听你的意见。我想知道，这套衣服以后还会再染脏领子吗？能否再想点什么办法？"经理于是建议他再穿一星期，"如果还不能使你满意，你把它拿来，我们想办法解决。请原谅，给你添了这些麻烦。"他说。

乌托满意地离开了商店。7天后，衣服不再掉色了。他完全相信这家商店了。

在公司中，团队精神的基础由许多因素组成，但几乎无一例外，第一项是信任，第二项就是沟通。经验告诉我们，有时候没有信任可能也有沟通，然而没有表达清楚的沟通则不可能有信任。公司中的员工可以通过开诚布公的沟通和交流来解决问题，没有沟通就会出现机能障碍。

我们渴望理解，管理者希望员工能够体谅他们的难处，同样，员工希望管理者能够体会他们的苦衷。但这一切在许多公司中并没有被解决，而事实上很好解决，只需要一个有效的沟通途径。

许多管理者以为"沟通"只要人际交往时不隐瞒、真实地表达本意就行了，其实这是很不够的。确实，不以诚相待就根本谈不上良性沟通，但往往真知灼见相互碰撞时也会不欢而散。因此，沟通不仅需要真实，也需要技巧。所以说，沟通是一门艺术，艺术就需要技巧。作为现代公司的领导者，只有善于与员工沟通，才有驾驭、组织和协调的能力，才能团结人、凝聚人。

沟通是共同磋商的意思，即队员们必须交换和适应相互的思维模式，直到每个人都能对所讨论的意见有一个共同的认识。说简单点，就是让他人懂得自己的本意，自己明白他人的意思。只有达成了共识才可以认为是有效的沟通。团队中，团队成员越多样化，就越会有差异，也就越需要队员进行有效的沟通。

最有效率的沟通方式，并不是喋喋不休式的唠叨，而是能够真正针对需要，一针见血地切中目标，完全了解人性当中最深层的微妙之处。

高超的沟通能力可以提高你的办事效率，增加你的成功砝码，而缺乏相应的沟通能力，注定你只能平平庸庸。

在事业中沟通能力太差，你就可能成为失败者，或者至少不能挖掘自己的潜能。学会熟练地沟通，你就已经踏上了成功之路。

"只有不说的事，没有说不清的事。"清楚的沟通，不仅可以消除你与老板、客户、同事之间的障碍，而且还有利于建立良好的人际关系，为自己的成功打开心灵之门。

与老板有效沟通

狼与狼之间没有秘密可言，相互之间坦诚相见，绝对真诚，尤其是头狼与狼群成员之间，解决矛盾就是通过沟通和嬉戏，即使偶然的打斗也会在事后烟消云散。

在竞争激烈的现代组织中，总是人才辈出的。如何在此中求发展，仅靠一味地埋头苦干是行不通的，那些过分"沉默是金"者，最终难逃"败走麦城"

的遭遇。这就需要与老板有效地沟通。

　　作为美国金融界的知名人士，阿尔伯特初入金融界时，他的一些同学已在金融界内担任高职，也就是说他们已经成为老板的心腹。他们教给阿尔伯特一个十分重要的秘诀，即"千万要肯跟老板讲话"，这乃是万应灵丹。

　　一般员工对老板都怀有恐惧心理，因此与老板的关系显得过于生分。他们见了老板就噤若寒蝉，一举一动都不自然起来；对老板总是采取回避战术，能躲则躲，能免则免，尽量不与老板发生正面接触，更不用说主动与老板沟通了。长此以往，只会造成自己与老板之间的隔阂越来越深。一般地，人与人之间的好感是要通过实际接触和语言沟通才能建立起来的。

　　对于员工来说，只有主动跟老板交流，让自己真实地展现在老板面前，才能令老板认识到自己工作的才能，才会有被赏识重用的机会。事实证明，许多与老板匆匆一遇的场合，可能决定着你的前途。那些肯主动与老板沟通的员工，总能借沟通渠道，更快更好地领会老板的意图，更加出色地完成工作。

　　陈好供职于一家广告公司，公司百多号人里有不少资深人士，可谓人才济济，他在这里没有特殊的优势。但是陈好的工作很踏实，不仅能像其他同事那样把老板交代的任务按时按质完成，还喜欢琢磨本职工作之外的事儿。因此经常是下班后同事走了，他还在办公室里找事做。

　　一天，当老板关上门经过他的门口时，看到他还在，便打了一个招呼，陈好便与老板聊上了。话题转到工作上，陈好谈到了广告策划、内容制作以及经营等方面的想法，其中不乏对当前广告策划工作的建议。

　　自然，陈好引起了老板的关注，于是主动找陈好聊工作以外的话题。虽说下属中不乏人才，可在完成工作之余还这么关心公司的却很少见。渐渐地，老板对陈好另眼相看，觉得他会是一个得力的助手，决定任命他做自己的助理。

　　陈好的晋升原因在于：他不是被动地接受上司交给的任务，而是在工作中与上司建立更多的沟通联系，让上司明白自己不仅能做好本职工作，还可以接受更多更重要的工作，具有一种领导的潜质。

　　懂得主动与老板沟通的员工，总能借沟通的渠道，更快更好地领会老板的意图，把自己的好主意、好建议潜移默化地变成老板的新思想，并把工作做得近乎完美，所以深得老板的欢心。

作为一名普通员工，你可能会抱怨很少有机会和上司近距离接触，何谈沟通。其实，沟通的方式可以是多种多样的，并不是非得与上司单独交谈才能实现。以下是几种常见的沟通形式：

与上司沟通的形式之一：接受指示。

接受指示时请注意以下几点：

（1）倾听。

（2）在进行沟通之前，首先同上司进行确认，明确指示的时间、地点。

（3）通过发问的形式，明确沟通的目的是不是接受指示，以便做好准备。

（4）明确指示的目的，随时注意防止沟通过程演变为诸如商讨问题、向上司汇报工作、上司进行工作评价等其他的沟通类型。

（5）对上司的指示进行恰当反馈，以最有效的方式同上司就重要问题进行沟通。

（6）既然是接受指示，首先应当将指示接受下来。即使有什么问题，也不要急于进行反驳。

（7）除非得到上司的认同，否则不要在这个场合与上司进行讨论和争辩。

与上司沟通的形式之二：汇报。

向上司汇报的注意事项：

（1）汇报工作时，应客观、准确，尽量不带有个人、自我评价的色彩，以避免引起上司的反感。

（2）汇报的内容与上司原定计划和原有期望相对应。

（3）不要单向汇报。应寻求反馈，或确认上司已清晰地接受了自己的汇报。

（4）关注上司的期望。特别对于上司所关注的重点，应详细进行汇报。

（5）及时反馈。对于上司做出的工作评价，有不明白之处应当当场反馈，加以确认，从而获知上司评价的真实意思，这样就不会造成沟通的障碍。

与上司沟通的形式之三：商讨问题。

上下级之间商讨问题，应当本着开放、平等和互动的原则进行，但是实际上很难做到真正的平等、互动。所以，需要在商讨问题的过程中时刻注意把握分寸，保持良好的沟通环境。

商讨问题的原则：

（1）平等、互动、开放。

（2）正确扮演各自的角色，双方按各自的权限做出决定。上司不要过分关注本该由下级处理的具体问题。

（3）切忌随意改变沟通的目的，将商讨问题转变为上司做指示、对下级工作进行评价，或下级进行工作汇报。

（4）事先约定商讨的内容，使双方都做好准备。

（5）如果当场做出决定，事后一定要进行确认，避免由于时间匆忙，考虑不周而出现偏差。

与上司沟通的形式之四：表达不同意见。

为了避免出现沟通障碍，在表达意见时应遵循以下原则：

（1）表述意见应当确切、简明、扼要和完整，有重点，不要拖泥带水，应针对具体的事情，而不要针对某个个人。

（2）注意自己的位置和心态。向上级反映的某些事如果超出自己的职权范围或者根本与本部门没有太大的关系，就不要过分期望上级一定会向自己做出交代和反馈。

（3）不要把自己的观点强加于人。

（4）不要让沟通变成辩论。

沟通无障碍

狼群交流沟通的方式多种多样，它们灵活使用每一种能够运用的方式。长吠、鼻触、舌舔；采取各种姿势，例如支配或屈服的姿势；使用错综复杂的身体语言，包括嘴唇、眼睛、脸部表情，以及尾巴的位置；或者使用气味留下信息。

在职场中，一些员工由于缺乏沟通能力，与老板、同事、客户等沟通存在障碍，以致自己的才华、能力得不到别人的理解和重视。

为什么在日常工作中，许多人进行探讨时，往往不是富有成效的交流，而是出现互相谩骂、大声争吵甚至更糟糕的情况呢？这是因为他们不在讨论观点，而只想努力影响他人，使其同意自己的看法。这就注定他们的沟通不会成功。

不掌握沟通的技巧，就无法准确理解对方的意思，就难以把要做的事做得顺利圆满，工作上就会出现障碍。

要学习掌握沟通的技巧，扫清沟通的障碍，主要依赖面对面沟通，掌握言语沟通的技巧。语言作为交流的工具，最讲究的就是有效地表达，无论你出于怎样的目的，都不希望没有效果，甚至适得其反。说话的目的有四——不论说话者是否有意识，说话一定具有以下四个目的中的一个：促使听者行动；提供知识或讯息；引起共鸣，感动与了解；让听众感到快乐。

说话的方法可以决定人们彼此间的评价，以及洽谈事情的成功与否。因此，不论你所从事何种工作，与人说话的方法是促成事业成功的关键之一。

说话的内容固然相当重要，但是别人的评价好坏与否，我们给人的印象如何以及人们彼此之间的接触和联系，全靠说话的方法而定。

我们都知道，同样的一件事情常有种种不同的表现方式，诸如它所影射的含义，它的微妙差异，以及说话时我们应付出多少热诚等等，这些都是值得我们注意的。因此，在说话之前，我们应该先仔细考虑说话时应具备的态度以及如何连贯自己的思想等问题，这并不是一件浪费时间而毫无意义的事情。

说话的方法同时也可以决定我们是否能把该强调的重点明确地表达出来。有时候我们轻松自如地说话，也能把重点强调出来；或者心平气和地说话，也一样能留给对方深刻的印象；有时甚至我们的态度近似保守和畏缩，却能充分地表达我们的意愿。这种种意料不到的结果，乃是因为我们说话时的心情毫无保留地表露在交谈之中的缘故。如果我们能够始终保持愉快的心情来与任何人交往，定能深受人们的好评。反之，如果是说话时喜欢装模作样、骄纵蛮横，别人一定认为你是自命不凡、优越感太强；如果说话时话中带刺，具有强烈的攻击性，那么你一定会遭到别人的极端厌恶。

总之，一个善于与人和睦相处的人，工作成绩也一定是优异的。看一看那些有所成就的人，几乎每一个都具有能与任何人融洽相处的优点。也就是说，他们不论和谁说话，都能使对方专心地聆听，以至完全被他的人品和思想所吸引，最终达到沟通的目的。

有效的沟通，有如下这些要点：

（1）要引导别人进入交谈。

（2）要简洁而有条理。

（3）尽量少插嘴。

（4）避免令人扫兴的话题。

（5）切忌不要伤害别人。

（6）不要背后诽谤别人。

（7）争论而不要争吵。

（8）要能容纳他人。

（9）拓展话题的领域。

（10）使对方话语滔滔不绝。

（11）适可而止的问话。

（12）开玩笑要有分寸。

另外，要避免工作中沟通的障碍，还应善于倾听别人对自己工作的建议，合理采纳，改善自己的工作。

19 世纪 50 年代，在美国旧金山掀起了一股淘金热。有一个叫李威·施特劳斯的年轻人，看到大家都需要帐篷，于是抛弃了淘金的念头，从外地购来一批帆布，向淘金的人兜售。但许多淘金人都说：“你的帆布包虽然适合我们用，但如用帆布做成裤子更适合淘金工人穿。矿工们现在穿的工装裤都是棉布做的，很容易磨破。若改用帆布做，就结实耐用了。”

李威经过一夜的反省后，取出一块帆布来到裁缝店做出了第一条工装裤。就是这种工装裤后来演变成一种世界性服装——牛仔裤。

这种工装裤诞生后，受到了许多矿工的喜爱，有一位远方的朋友来看望李威·施特劳斯，看到工人购买这种工装裤的情形，建议他：“你应该投入一些资金，进行广告宣传，另外，聘请一些经验丰富的裁缝，把这种裤子重新设计一番，推向整个市场。”李威·施特劳斯听从了这位朋友的建议，把这种工装裤重新设计，推向了市场，受到了年轻人的青睐。后来，他引进了设备，大批量生产，并利用各种媒体宣传牛仔裤，甚至大谈“牛仔裤文化”。铺天盖地的宣传，使牛仔裤深入人心。“西部牛仔”成了美国青年的崇拜和模仿对象。不少中老年人，连上层社会的人物也开始喜欢牛仔裤了，牛仔裤的市场越来越广阔。

善于倾听别人对自己的建议，是一种对别人眼光、见识、经历、智慧、创意的吸收和学习，通过这种方式，我们才能够不断地改善自己的工作，提升自己的能力。

第八章

注重细节，保证成功

在自然界中，到处都可能存在着陷阱，随时都可能有生命危险，一不小心，就有可能落入陷阱，或者成为敌人的食物。所以狼会注意它所看到的每一个细节，时刻观察身边的环境，任何一点风吹草动都逃不过狼的眼睛。

狼在捕猎中十分注意对细节的把握，这使他们不会疏忽掉每一个制胜的因素，从而在捕食和作战中掌握主动，占据优势。

成也细节，败也细节

无论你从事的工作是多么微不足道，你的职位有多么卑微，只要你能像狼一样具有强大的自驱力，只要你能像狼一样顽强，只要你能像狼一样注重细节，并为此付出艰辛的努力，那么任何障碍也阻挡不了你成功的步伐。

面对复杂的海尔集团人事，总裁张瑞敏是如何管理的呢？海尔集团在整个组织网络上形成三个层次：集团总部是决策中心，事业部是利润中心，工厂是成本中心。大家各负其责。张瑞敏只管理几个事业部的负责人，对具体业务从不越俎代庖。张瑞敏说自己只是找思路、谈思路。

但是具体事务让下属去做，并不等于最高领导者放开管理不问，天天只想什么战略、决策、谋划、创意。企业领导者对于管理必须有足够的认识，对管理之事安排妥当。他不一定要亲自去抓每一件事，但要保证企业的各项事务都有人去抓、有人去管，而且管得有条理、有效益。

张瑞敏在推行管理模式时，非常注意对度的把握。力度大一点、小一点，早一点、晚一点都会出现不同的效果。打个比方，开年终总结会。今天下午开会，中午就应当把年终奖发给大家，早发两天晚发两天都起不到作用。中午发了奖，大家情绪正高涨的时候，厂子说什么他都听得进。可厂子如果提前两个星期或拖后两个星期发钱，总结会肯定什么效果也没有。就这么点小事，操作上大有学问。另外，他们发奖金是根据上半年工资的平均值来发，与职工每个月工作情况都有关，这就要求职工平常时时刻刻都要好好干。别的厂就不一样了，大家发平均奖，每人500元，这样干得好的就要吃亏。

因为管理这种东西，总是说起来精彩，做起来枯燥。所以领导者要想管理好企业，必须脚踏实地、吃苦耐劳地常抓不懈。企业应当拒绝传奇，因为企业不是演戏。企业不能对管理疏忽大意，更不能自找麻烦，捅出大祸再来力挽狂澜。因为企业是很脆弱的，连续跌几次，恐怕再也爬不起来了。曾经辉煌的飞龙一伤再伤，如今早已是风光不再。姜伟总裁追求"诗意"的结果，十分悲惨。

关于海尔成功的秘密，张瑞敏这样说道："许多到海尔参观的人提出的问题跟企业管理最基础的东西离得太远，总是觉得好的企业在管理上一定有什么灵丹妙药，只要照方抓药之后马上就可以腾飞了。好的思路肯定非常重要，饭要一口一口地吃，基础管理要一步一步地抓起来。"

老子早就说过："天下难事，必做于易；天下大事，必做于细。"在海尔，细节的重要在领导人的头脑里简直就是关键因素，可谓"成也细节，败也细节"。

细节决定着一个人的成败，这丝毫不危言耸听。如果一个人做事只从大处着眼，自以为在掌控全局，而忽略细节或者对细节问题毫不在意，那么就不要对他抱有太大的希望，因为他根本就没有成功的可能。

只有那些注意观察、注重细节的员工才可能发现自身的缺陷和弱点，并加以改正，才能把工作完成得十分出色。

有一家企业的业务经理，与一外商谈判项目。在休息期间，这位经理无意中随地吐了一口痰，吃冰淇淋时又把盒子随手扔在地毯上，不料这些下意识的动作全被外商看在了眼里。本来就有些犹豫的外商，最终放弃了同这个企业的合作意向。事后他说，一个企业的管理人员这样不拘小节，员工也一定好不到哪里去。

就这样，因为一个不良的小动作影响了一笔大生意，因小失大，实在可惜。

与此相反，许多人在工作中养成了注重细节的好习惯，在细节问题上展现了自己的素质和精神面貌，常常收到意想不到的效果。

有一位外商来到某厂，由厂长陪同到车间去参观。当这位外商掏出一支烟刚要点燃的时候，一个在场的工人立刻冲他指了指墙上的"安全第一，注意防火"的牌子，并友好地做了个制止的手势。

这位外商不但没有生气，反而伸出了大拇指。他对厂长说："你们厂工人的素质高，责任心强，有主人翁的姿态，更增加我在这里投资的信心。"

你看这位工人一个手势所产生的作用有多大！

有些事情很小，但能从一定角度反映出事物的本质。有时候，一个小小的言行动作可以展示一个人的素质，进而折射出企业的整体形象。

现代职场竞争相当激烈，每个员工都面临着"优胜劣汰"这一事实，稍一疏忽就有被"淘汰出局"的危险。而细节在这时则会显出奇特的作用，在不分上下的竞争格局中，它会提升一个人的人格，增加一个人的竞争力。

屈平和廖树大学毕业后同时应聘进入一家中外合资企业。这家公司待遇优厚，有很大的发展空间，他们俩都很珍惜这份工作，但结果很明确：只能留下一个，另一个在3个月试用期后将被淘汰出局。

为了争取留在这家公司工作，他们俩一直在暗暗较劲，都积极上进，工作也都很出色。但3个月后，廖树背包走人，屈平留了下来。

一年后，屈平升为部门主管，与老板的关系也走得更近了。有一次，屈平问老板："当初为什么留下我而不是廖树？"

老板说："当时从你们中间选拔一个还真难，在工作能力上不分高低，后来，我发现了一个现象：凡是你们俩不在的时候，廖树的宿舍里总是亮着灯，开着电脑，而你的宿舍则熄了灯，关了电脑，所以最终确定了你。"

成与败，仅仅决定于熄灯和关电脑这样一个小小的细节。然而，在工作和生活中，又有多少人去注意决定自己成功的细节呢？

"成也细节，败也细节"，而注意细节正是你区别于他人的唯一可能！

职场交往的细节

对于狼族来说，良好的共存关系依赖于对交往中的细节的重视。它们会对任何一个沟通中的细节予以留意，对同伴最细微的变化都不会放过。正是由于狼很注重彼此交往中的细节，因此，它们很少因误解而互相攻击，置对方于死地。

同样，职场间的交往也需要十分注意细节，营造一个良好的工作氛围，才可能使工作更加高效。

工作环境和工作氛围直接影响工作效率。在一个环境好、人际关系和谐的单位，工作是一件愉快的事情。劳累可以理解为锻炼，有助于不断提高业务水平；繁忙象征着位置重要，有不可替代的价值。同心同德，上下一心，工作干得有声有色，对个人和集体都有好处。

但是，如果一个单位里人们把大部分心思用在钩心斗角、互相拆台上，工作就很容易让人厌烦，时间长了，大家就产生逃避心理，对工作敷衍了事。这对个人和集体都十分有害。做生意，忌讳与顾客吵架，因为这直接影响营业额。在单位里，同事之间，或职员与领导之间，发生不愉快，也会直接影响工作效率，不仅当事人的工作干不好，集体氛围被破坏后，事业也会有很大损失。因此，在一个集体里，上下关系要十分融洽，同事之间也应该求大同、存小异，互相理解和支持，共同维护良好的人际关系。

人际关系属于心灵交流方面的内容，一般情况下很少涉及大是大非问题，多以心里的感受为凭借，产生回应。一个场景、一段谈话、一个细节，都可能平地起波澜，陡然生出隔阂，使领导对员工产生偏见、员工对上司或老板积怨难解，最后不欢而散。从员工的角度讲，要想协调好人际关系，不因小节影响大节、不因小事影响前途，谦虚谨慎，遇事多加考虑是非常重要的。

在办公室里，同事每天见面的时间最长，谈话内容可能还会涉及工作以外的各种事情，然而说话不适宜常常会给你带来不必要的麻烦，所以与同事谈话必须要掌握好分寸。

1. 公私分明

不管你与同事的私人关系如何，但如果涉及公事，你千万不可把你们的

私交和公事混为一谈，否则你会把自己置于一种十分尴尬的境地。

如果遇到同事要求你伸出援助之手时，你可以打趣地说："其实这件事很简单，你一定可以应对自如的，如果被我的意见左右，可能不妙。"这番话是间接在提醒他：一个成功的人必须独立、自信，而且这样也不会损及大家的情谊。

2．是朋友，也是同事

虽有人说"好朋友最好不要在工作上合作"，但大家都是打工仔，能碰巧在同一个单位里工作绝不稀奇。

表面上，你的主要任务是做好分内的工作，对这位搭档要保持一贯的友善作风。

不过，最重要的策略是向上司表态。上司不一定是偏心，有可能是对各项工作所需时间不大了解而已，所以你有必要找他商谈，让他知道，每件工作所花的时间为多少，在一个工作日里可以做些什么，你的任务又是如何。只要讲出你的困难，不要埋怨搭档相对地闲着，对事不对人，才能让事情圆满解决。

总之，大前提是公私分明。你要记住，在公司里，他是你的搭档，你俩必须忠诚合作，才能创造出优秀的工作业绩。私下里，你俩十分了解对方，也很关心对方，但这些表现最好在下班后再表达吧！闲暇时，以少提公事为妙，难道你一天 8 小时的工作还不够吗？

3．闲谈时莫论人非

只要是人多的地方，就会有闲言碎语。有时，你可能不小心成为"放话"的人；有时，你也可能是别人"攻击"的对象。这些背后闲谈，比如领导喜欢谁、谁最吃得开、谁又有绯闻等等，就像噪音一样，影响着人的工作情绪。聪明的你要懂得，该说的就勇敢地说，不该说的绝对不要乱说。

社会上有一种人，专好推波助澜，把别人的是非编得有声有色，夸大其词，逢人便说。世间不知有多少悲剧由此而生。你虽不是这种人，但偶然谈论别人的短处，也许无意中在细节上就为别人种下了恶果。而这种恶果的滋长，是你所料想不到的。

4．注意对方的语言习惯

我国地域辽阔，方言习俗各异。一个规模较大的单位不可能只由本地人组成，一定还会有来自各地的同事，所以要特别注意这一点。不同的地方，语言习惯不同，自己认为很合适的语言，在其他不与你同乡的同事听来，可能很刺耳，甚至认为你是在侮辱他。

各地的风俗不同，说话上的忌讳各异。在与同事交往的过程中，必须留心这些细节。一不留心，脱口而出，最易伤同事间的感情。即使对方知道你不懂得他的忌讳，虽情有可原，但你终究还是冒犯了他，因此应该特别留心。

作为职场中人，当你发现自己的上司在工作中出现差错的时候应该采取什么样的方式提出建议呢？

的确，在现代职场上，有很多上司都是武大郎开店，容不得下属比自己高。他们不喜欢下属对自己的想法说三道四，以为自己的下属给自己提建议或意见就是蔑视自己的权威，想取而代之。但是，不管这种上司是武大郎还是刘大郎，他都会喜欢自己的下属工作积极主动，所以，作为下属，不是你可不可以给上司提建议或意见的问题，而是你以什么方式给上司提建议或意见的问题。如果你注意自己提意见或建议的时间、地点和方式，你的上司肯定会接受；相反，如果你不分场合和时间，有一说一，有二说二，实话实说，直截了当，甚至锋芒毕露的话，那他自然会觉得你是要扫他的威信，因而很自然地把你的好心当成驴肝肺。

那么，作为下属，你应该以什么样的方式向上司提建议呢？这不仅是个习惯问题，而且还有一个方法问题。

你给自己的上司提建议的方式，最好就像三明治那样。一般的三明治是上下两层皮夹着中间的肉，这就像提意见时，开头和结尾都是客气话，而客气话中间就是你要提的意见。一般来说，你在给上司提意见或建议之前，应先说几句好听的话，既表示自己的诚意和礼貌，又制造出一种轻松愉快的氛围。比如，沈明在给上司提建议之前，先对上司的广告创意中一些值得肯定的地方赞扬几句，说过好话，有了一种融洽的气氛之后，回到正题，委婉而又坚定地提出自己的想法，把上司创意的不足之处以及自己的想法都完整而又清晰地说出来，最后，又回到起点，再说些客气话，比如，"这只是我的一些初步的想法，肯定也有不成熟的地方"等等，表示自己的谦虚。作为下属，你没有蔑视上司权威的意思，这样，即使上司不接受你的意见，也会接受你的诚意，对你刮目相看。

细微之处蕴含机遇

狼是一个很有耐心、很会从细微之处寻找机遇的动物。因为它知道，机遇稍纵即逝，且常常不会告诉你它的光临，因此只有靠敏锐的观察力，于细微之处发现机遇、抓住机遇，才能永立不败之地。

对于有些人来说，细节往往蕴藏着机遇。把握住了关键细节，就如同获得了启开成功之门的钥匙，在这样的人看来，世间处处有机会。

盖茨是一个拥有不同寻常的能力的人。1971年，湖滨中学程序编制小组得到一项重要业务：为信息科学公司编一份工资表程序。按盖茨的说法，该项目非常烦琐，必须了解州税法、工资扣除法等。盖茨很懂经商之道及商业法律程序，他成了编制小组的中心人物与法律顾问。程序完成后，盖茨他们并未只要求一次性地支付报酬，而是非常精明地提出以版权协议的规定支付酬金，他们知道版税金额巨大，并且是长期性的。他们通过抽取版权费，获得了该公司利润的10%。

肯特·伊文斯的父亲认为："如果有人想知道为何盖茨会取得如此辉煌的成就，我认为主要是由于他早期经商所积累起来的经验。"盖茨的商业意识令人吃惊，一个中学生就知道按自己的条件与一家公司按版权抽取利润了。

事实上，最早在软件业成功的不是别人，而是那位"戏弄天才的天才"——西摩·鲁宾斯坦。他决定软件只能独立出售，并只对零售商做生意。他委托别人开发软件，又按每份计酬的办法推销。他一开始就知道盖茨的操作系统做得不错，但他选中了基尔代尔的CP/M操作系统，只以两万美元成交，包括版权！"学问人"基尔代尔却以为自己做了一笔好买卖！基尔代尔的学生编写了一套计算机的BASIC语言，鲁宾斯坦也把它买了过来，出价更低，并称BASIC语言可配合CP/M使用。而基尔代尔和他的学生一样，根本没想到版权或使用权这一回事儿！

这样鲁宾斯坦在与盖茨的交锋中略占上风。因为他拥有虽不及盖茨的MBASIC好，但已完全可用来配合CP/M使用的CBASIC，而微软却急需买主来获取收入。在此情形下，鲁宾斯坦才从微软购买软件，谈判始终由鲁宾斯坦主导，他把全部手腕施加到年轻的董事长盖茨身上。盖茨过了几天才开始对鲁宾斯坦的意图有所表示。一个天才戏弄了另一个天才。盖茨后来回忆说："我很尊敬西摩·鲁宾斯坦，他做到了他所能做到的一切，而我却任由摆布。"当然，盖茨这样的天才是不会上第二次当的。聪明人不在于不犯错误，而在于不同时连犯两次一样的错误。商海无情，重要的在于汲取教训，避免再犯。盖茨今天的经营技巧和手腕并非天生，也是在摸爬滚打中摸索出来的，这其中当然有鲁宾斯坦的功劳。

有些人走上成功之路，的确有偶然机遇的因素。然而就他们本身来说，他们确实具备了获得成功机遇的才能。在偶尔的一瞬间，一个人的灵感即是这个人最大的人生机遇，如果抓住了它便抓住了美丽的命运女神。

灵感虽小，或许只是一个小小的意念，但是，小灵感里面往往蕴藏着巨大的能量，它就像一把插在锁孔里的小钥匙，一旦你抓住它，你开启的可能就是一个无价的宝库。

早在莱特兄弟发明首架飞机前10年，美国青年莱克便搞出了一项让世人交口赞誉的发明——双壳体潜艇。

可有谁知道，他的灵感居然是由扔酒瓶得来的。

1893年，莱克历经千辛万苦终于造出了一艘形状奇特的潜艇。它靠压载物沉入海底，靠轮子滚动在海底前进。然而这艘柜子形的潜艇稳定性不佳，莱克为解决此问题冥思苦想。一天，他约了几个好朋友到海滩野餐。酒足饭饱之后，几个人兴犹未尽，玩起了扔酒瓶的游戏。一场游戏开始了，接二连三甩出去的酒瓶伴随着"扑通"声立即沉入海底，可唯独有一个瓶子竟然没有沉入水中，浮在水面左晃右荡。

原来是一个伙伴耍了鬼，他扔出去的是个剩下半瓶酒的瓶子。正当人们要惩罚他时，莱克却高声叫道："太谢谢了！"原来，莱克从漂浮的半瓶酒中得到启示，只要增加潜艇的上部浮力，那潜艇就会稳定而不沉没了。他马上对原来设计的潜艇进行改造，终于获得了成功。

许多人相信掷硬币碰运气，而且认为事业的成功也大都这样。但好运气似乎更偏爱那些有心的人。没有充分的准备和一颗主观上想要去发现、去创造的心灵，灵感的火花永远也不会迸发。

仔细观察、仔细思考，有时就可能从细小事物中发现灵感的源泉，从中悟出高深的道理，取得成功。

我们处于一个信息爆炸的时代，机遇就是来自这浩如烟海的资讯，有时，一句话、一则消息，就包含着难得的机遇，就看你如何看待它。

香港有"假发业之父"称号的刘文汉则是靠餐桌上的一句话抓住机遇的。

1958 年，不满足于经营汽车零配件的小商人刘文汉到美国旅行，考察商务。有一天，他到克利夫兰市的一家餐馆同两个美国人共进午餐，美国人一边吃，一边叽里呱啦谈着生意经，其中一个美国人说了一句只有两个字的话："假发。"刘文汉眼睛一亮，脱口问道："假发？"美国商人又一次说道："假发！"说着，拿出一顶长长的黑色假发表示说，他想购买 13 种不同颜色的假发。

像这样餐桌上的交谈，在当时来说，只不过是商场上普通的谈话，一句只有两个字的话，按说也没有什么特殊的意义和价值，但是，言者无意听者有心。刘文汉凭着他那敏捷的头脑，很快就做出判断：假发可以大做一番文章。这顿午餐，竟成了刘文汉发迹的起点

他经过一番苦心的调查了解发现，一个戴假发的热潮，正在美国兴起，在刘文汉面前，展现了一个十分广阔的市场，他一回到香港，就马不停蹄，开始了对制造假发的原料来源的调查。他发现，以从印度和印尼输入香港的人发（真发）制成各种发型的发笠（假发笠），成本相当低廉，最贵的每顶不超过 100 港元，而售价却高达 500 港元。刘文汉喜出望外，算盘珠一拨，立即做出决定：在香港创办工厂，制造假发出售。

但是，制造假发的专家到哪里去找？刘文汉又陷入了苦恼和焦虑。一天，一位朋友来访，闲谈中提到一个专门为粤剧演员制造假须假发的师傅，刘文汉不辞辛苦地追踪开了，终于找到了他：可是，这位高手制造一顶假发，需要三个月的时间！这样怎么能做生意？怎么办？刘文汉的思路没有就此停住，他在头脑中飞快地将手工操作与机器操作联系起来，终于想出了办法：把这位独一无二的假发"专家"请来，再招来一批女工，精通机械之道的刘文汉又改造了几架机器，他手把手地教工人操作，由老师傅把质量关，发明与生产同步进行，世界第一个假发工厂就这样建成了。

各种颜色的假发大批量地生产出来，消息不翼而飞，数千张订货单雪片

般飞来，刘文汉兜里的钞票也与日俱增，直到 1970 年，他的假发外销额突破 10 亿港元，并当选为香港假发制造商会的主席。

　　刘文汉学会了听别人的话从而抓住了机遇，这不是点石成金，而是给他打开了一座机遇的宝库。所以说者无意，听者要有心。

第三篇

企业发展壮大的狼阵策略

　　竞争激烈的现代企业需要的是狼的精神。不仅要具有狼的团结精神，而且企业的每一个员工都能够像狼一样有强烈的生存意识，懂得在竞争中取胜。这种狼的精神应贯穿在整个企业的文化中，并且让每一个员工都能透彻地领悟。

第一章

狼性企业，无往不胜

现代企业充满狼的狂野之性。攻击目标既定，群狼起而攻之。头狼号令之前，群狼各就其位，各司其职，嚎声起伏而互为呼应，默契配合，有序而不乱。头狼昂首一呼，则主攻者奋勇向前，伴攻者避实就虚，助攻者蠢蠢欲动，后备者厉声而嚎以壮其威……只有这样充满组织性、目的性和野性的狼性企业，才能够在当今激烈的市场角逐中胜出。

企业呼唤狼性

狼性文化是一种带有野性的拼搏精神。狼性的特征是：野、残、贪、暴。自古以来它总是与几千年的孔孟中庸之道格格不入。

企业推崇、提倡的狼性文化，即是指这种推进企业发展，为社会和人类创造效益的非凡的潜能，更重要的是这种潜能释放出来的拼搏精神。

狼性的四大特点——贪、残、野、暴，这些所谓的"贪、残、野、暴"都应在团队文化中得以再现。"贪"就是对工作、对事业要有贪性，无止境地去拼搏、探索；狼性的"残"用在工作中，便是指对待工作中的困难要一个个地、毫不留情地把它们克服掉、消灭掉；狼性文化的"野"，便指这种在工作中、事业开拓中不要命的拼搏精神；狼性文化中的"暴"，则是指在工作的逆境中，要粗暴地对待一个又一个难关，不能对难关仁慈。

一个企业要发展，没有这种贪、残、野、暴的精神是不行的。如今的时代是一个竞争的时代，只有在竞争中才能推动社会经济的发展。那么，没有

这种贪、残、野、暴，在残酷的竞争中，企业就会被撞得头破血流，败下阵来。因此团队崇尚的狼性文化，就是要在浪尖上求生存，浪谷中图发展。也只有这种狼性团队文化，才能在竞争中生存、发展，立于不败之地。

狼，狠狠地盯住一个目标，锲而不舍，用心专一，不达目的决不罢休。狼性如此，成功之势定矣。

一个企业的发展，势必要设定一个目标，然后紧紧盯住这一目标千方百计去实现，这才是成功之道。

狼习群居，群而发之，群而进之。目标出现，群而攻之。狼对于目标之攻击，常在群体首领号令之前，有序而不乱，各自心领神会、配合默契，各司其职，有条不紊。主攻者勇往直前，佯攻者避实就虚，助攻者蠢蠢欲动，后备者嚎叫助威，组织之严密人所难及，协作之精神更让人赞佩不已。若把这种精神力量、组织力量用于企业、用之于事业，充分融入我们企业文化之中，何愁企业不胜，何愁事业不成功！

许多成功的企业家就是拥有了狼的这种拼搏精神和冒险精神，才创造出了一个又一个奇迹。

世上没有万无一失的成功之路，人类社会的动态发展总是带有很大的随机性，各种要素往往变幻莫测，令人难以捉摸。所以，要想在引领众人前进的工作中自由遨游，就非得有冒险的勇气不可。

甚至有人认为，企业家取得成功的主要因素便是冒险，作为企业家就必须学会正视冒险的正面意义，并把它视为从事领导工作的一个重要心理条件。

在成功者的眼中，领导活动本身对人就是一种挑战，一种想战胜环境、控制局面、指引他人赢得胜利的挑战。因此，每一个处于领导岗位上的人都应具有强烈的冒险意识。

"一旦看准，就大胆行动"这句话，已成为许多成功企业家的经验之谈。

唯物辩证法告诉人们：冒险与成功常常是结伴而行的。"险中有夷，危中有利"，要想获得卓越的成果，就应当敢冒必要的风险。所谓"幸运喜欢光临勇敢的人"，冒险是表现在人们身上的一种非凡的勇气和魄力。

虽然有成功的欲望，但却没有敢于冒险的胆量，怎么能够实现伟大的目标呢？

如果既希望成功又怕担风险，那就会在关键时刻错失良机，因为风险总是与机遇联系在一起的，而机遇往往是稍纵即逝的，过度的谨慎必然会导致失去机遇。

亚蒙·哈默就是这样的一个敢于冒险的人。

亚蒙·哈默，是美国石油巨人，也是一位带有传奇色彩的大老板。他的石油公司在西方最大企业排名中名列第 20 位，年销售额为 130 亿美元。他本人更是被人们称为无所不能的经营奇才。但是，童年的哈默却是在一条杂乱狭窄的街区中度过的。当他上中学时，就有了追求金钱的梦想，并做过一些有益尝试。

一次，他从哥哥那里借来 185 美元——这对他来说已经不是一个小数目了。随后，他到市场上买了一辆旧的敞篷车，在圣诞节将要来临的时候，他就用这辆敞篷车为商人们送糖果。结果，他大赚了一笔，不但如数还了哥哥的钱，自己还有了一笔数目可观的存款。这是他第一次体会到金钱给他带来的快乐。从那时起，这种快乐激起了他追求金钱的热情。因为父亲是一位医生，一年之后，他应父亲的建议考入了哥伦比亚大学医学院。在学校读书期间，他一直帮助父亲经营一家小型制药厂，药厂后来由于生意不好停业了。这时的哈默便做出了一个大胆的决定：放弃学业，自己去经营父亲已经停业的药厂。他一改父亲先前的做法，取消了以邮寄为主的销售方式，转而请来了 100 多个"传教士"，让他们上门直销产品，很快获得了成功。这时，哈默的经营天赋开始显现出来。从此，药厂的生意做得越来越火。哈默常说："只要值得，不惜血本也要冒险。"

哈默成功的事实告诉我们：风险和利润的大小是成正比的，巨大的风险能带来巨大的效益。

身为老板，你应该具备这种胆识与勇气，同时，也应该慎重对待可能出现的问题。石油大王洛克菲勒常对自己说："当我经营的事业蒸蒸日上时，我晚上睡觉，总会拍拍自己的额角说：如今你的成就还微乎其微！以后的路还有很多艰险，稍有失足，就会前功尽弃。"

残酷管理打造高效团队

谈到狼，人们往往联想到的词就是荒地、狂野、血腥、狰狞、冷酷、残暴、黑暗等。的确，狼是野性十足的动物，这让它们在自然界中处于很高的地位。但狼之所以能够在百万年来保持这种强者地位而不变，关键就是狼族的生存管理做得好。

一个企业的生存管理，就是指企业的运营管理。有人曾形容如果一个生产企业生产产品快、质量好、服务周到、流程规范，那么就是运营管理做得好。要让企业运营管理做得好，有时候运用狼性的高压政策是很有必要的。

生物是有惰性的，若任其自由懒散发展，这种惰性常常会消磨意志力，最终浑浑噩噩，到死都不觉。但在特殊情况下，却能迸发出无穷的潜能。所以，能力的发挥是与环境相关的。人也一样。在教育学上，古人云"严师出高徒，慈母多败儿"。这在企业生产运营中就是我们强调狼性高压政策的必要性。

海尔有一个著名的理论："斜坡球体论"（即海尔定律），它认为企业如同斜坡上的球体，市场竞争与员工的惰性会形成下滑力，如果没有一个止动力，球体便会下滑，这个止动力就是基础管理。斜坡上的球体不会自行上升，因此需要一个向上的拉动力，企业才能发展，拉动力来源于员工自身的优秀素质，企业的活力、目标、前景以及相关的激励机制等。而高压力可以激发员工的活力，将个人的潜能充分挖掘出来，充分调动员工的工作热情，将压力转化为动力，从而提高支撑力，推动球体节节攀升。这样，员工的素质也上去了，而公司也充满了活力，这样自然能带动公司效益的提高。而公司效益的提高反过来又能让员工有成就感，"公司即我，我即公司"的主人翁精神油然而生，工作积极性更加高涨。这样的良性循环，肯定是公司发展的最佳状态，也是企业家们梦寐以求的。

日本东芝公司在总结企业用人方面的成功经验时，也对"压担子"式的管理方法推崇备至。他们认为，当一个员工能挑50公斤的担子时，而你只给他20公斤或30公斤，不仅难以发挥员工的能力和创造力，同时也会极大地挫伤员工的积极性和主动性。相反的，当承受的"担子"重量超过他日常的负荷能力时，他就会全力以赴，想方设法地提高自己，完成工作任务。更为重要的是，这些被委以重任的员工在高期望压力的鼓舞下，能够深刻地体会到领导层对他的信任，从而激发出"士为知己者死"的强大精神动力，不遗余力地投身工作，从而形成良好的企业文化氛围。

台湾地区的塑料大王王永庆经营台塑的秘诀之一就是：压力管理。

　　正因为王永庆懂得成功都是在艰苦的条件下努力拼搏得来的，因此在企业管理上实行"压力逼迫式"管理方法。

　　王永庆在美国有14个厂，他经常去美国巡视。他发现，虽然美国的尖端科技与电脑都领先世界各国，可是美国生产往往竞争不过日本。王永庆认为主要原因是美国企业经过几代的经营者之后，经营上已逐渐安逸，不再寻求创新。

　　王永庆认为，适度的压力可以激发一个人的潜能。他说："赋予一个人没有挑战性的工作，是在害他。我觉得人的潜能是无穷尽的，给予没有挑战性的工作，这个人的潜能根本无从发挥，他的一生不就完了？"

　　为了贯彻台塑的压力管理，王永庆采取中央集权式的管理制度，设立了一个运筹帷幄的指挥中心——台塑总管理处总经理室。总经理室下设营销、生产、财务、人事、资材、工程、经营分析、电脑等8个组。它的主要功能有二：其一，台塑企业各项管理制度之拟订、审核、解释、考核、追踪、改善等；其二，对各分子企业之经营计划，协助拟订与审核，并作经营可行性分析。目前，这一指挥中心已有多位幕僚，他们真正成为王永庆的耳目。他们传达总经理的命令，贯彻他的指示，并严密地考核施行后的成效。

　　台塑的压力管理使集团内部每个事业单位的主管都感受到一股强大的压力。而王永庆则承受着最大的压力。这压力一方面是投资大众给他的，他说："如果企业没有经营得上轨道，我今天到外面万一被车子一碰，或两架飞机一撞，死掉了。我死是没有关系，害了好多投资大众怎么办呢？人家辛辛苦苦把积下来的血本交给你，你一走掉，搞得不三不四，社会就混乱了。为了道义与责任，我不能不努力工作。"另一方面，台塑每进行一次新的投资，王永庆都要面对很大的压力。比如1980年台塑到美国投资设厂，前二三年是非常艰苦的阶段，王永庆的压力非常大，但他咬紧牙关，使员工产生信心，一切才逐渐走上了轨道。

　　当然，凡事过犹不及。压力确实能提高员工的效率，因为许多时候，人的潜能是被逼出来的。但是，在实施高压政策时，必须把握好"度"。"水能载舟，亦能覆舟。"压力好比是风浪，风恰到好处时，可以鼓帆远航。但是，飓风却是航船的大敌。同样，压力过大，超过了个人承受范围，结果往往适得其反，不仅不会提高员工的工作效率，反而会官逼民反，怨声四起，失去对工作的热情，最终只落得个竹篮打水一场空。

　　为避免这一系列情况，在采取高压管理时，除了在工作上"推"之外，

还可以运用多种方式如减压、提高工资待遇、奖金制度等来"拉"。

"高工资带来高利润"，福特就是深谙此道的企业家。

在 1910 年之前，福特汽车制造厂的工人就已经觉得自己每天都在做着与自己不相称的工作，他们因此产生了惶惶不安的感觉。

在福特建厂初期，福特厂的工人们都愿意自己成为多方面的熟练工人，但后来的固定岗位分工细化，打消了他们的这一念头。比如，以前只需要一名工匠完成的工作，到了 1914 年时，已经分成了 30 多道工序，每一道工序都由一组工人用单调的动作来完成，而这种单调的动作要求更高的速度，他们觉得福特厂的基础加工变得日益乏味。

1913 年，工人们的工资被固定为每天 2.34 美元，这就使得新技术推广在福特厂越来越丧失人心。工人们开始造反，选择了离开工厂到别的地方去工作。劳工的流失使公司无法保持足够的劳动力，更谈不上扩大生产。虽然在这一年，公司找到了当时最先进的生产方法，但如果不能把劳工吸引到组装线上，多么先进的生产方法都显得毫无意义，公司更别想生存下去。

稳定劳工，成为公司第一重大任务。

为了解决这一困境，福特在 1913 年末，设想出了 5 美元工作日的方案。

1914 年 1 月 5 日，福特向聚集于工厂办公室的记者宣布："世界上规模最大、生意最兴隆的汽车制造公司——福特汽车公司，将在工人的报酬方面，实行前所未有的革命。"

福特借用了一句英国的谚语"我们认为，社会正义先及亲友"，将他的这一措施说成是社会改良行动，他说公司在考虑过劳资双方的共同利益后，计划在一星期后将普通工种的工资提高 100%。公司将实行 5 美元工作日，任何"合格"的福特工人，即使是最低工种的人和车间清洁工也不例外。

福特说，公司除了"5 美元工作日"的计划外，还将每天 9 小时工作制改为 8 小时工作制。另外，公司还将设立工种调换部，以保障员工找到"合适的位置"。同时还宣布，雇员在 1 年内都有工作，生产淡季将送他们去农场劳动。

福特在扮演劳工利益代言人的时候，其实并没有忽视自己的利益和冷酷无情的经营术。某些福特经理人员认为这次计划过于"激进"，福特以精明的论点折服了他们：高工资会带来高利润。福特认为，如果实行他的计划，公司就可以获得优质的劳动力，从而提高劳动生产率，实际上也就降低了劳动成本，最终使公司盈利。

5 美元工作日开始的同时，福特宣布总共需要 4000 名新工人。

就在他宣布 5 美元工作日和招收新工人的第二天清晨，数万名申请人冲进了福特厂的大门，纷纷要求工作。

没有压力就没有活力、没有动力，只要压力政策组合得好，方法得当，压力管理就能起到事半功倍的效果。

强大的团队精神

在狼猎捕成功的众多因素中，高效的团队协作和严密有序的集体组织是其中最明显和重要的因素。这种特征使得它们在捕杀猎物时总能无往不胜。独狼并不是强大的，但当狼以群体的力量攻击目标时，却能表现出强大的攻击力，成为最具破坏力的组织，可以说，团队的力量被狼运用到了极致。

众所周知，一只木桶盛水的多少，并不取决于桶壁上最高的那块木块，而恰恰取决于桶壁上最短的那块。人们把这一规律总结为"木桶定律"或"木桶理论"。

木桶理论告诉员工，效益是靠团队来获得的，不是靠个人就能完成的。这就是重视团队的力量。

最大限度地发掘企业的人力资源，是每个管理者的愿望，而能否做到这一点又是企业能否欣欣向荣的关键。怎样才能有效地开发人这种最宝贵的资源呢？一旦被问到这个问题，很多人不假思索地就可以回答上来："重用人才呗。"而这种回答的潜台词就是，找出职工中的佼佼者。而实际上，许多的工作是由一般的员工完成的，并不是由佼佼者完成一切。

阿姆科公司的老板吉姆·威尔对此就有过很深刻的体验。这是一家从事钢铁行业的企业，在钢铁业逐渐成为"夕阳工业"以后，它的日子开始很不好过，尤其在进入 20 世纪 90 年代以后，公司的资金不断流失。在这种情形下威尔走马上任，开始进行根本性的改革以挽救公司。他的一项最重要的举措就是："非把每个人都拉来战斗不可。"

这不是一句宣传性的战斗口号，而是威尔在整治企业的过程中切身体会到的最紧迫问题。有一次他把心理学家请进公司，派他们到业绩最好的工厂去，请他们找出工厂里实现成功的真正带头人，弄清成绩应归功于谁。结果令他惊奇的是，心理学家们回来竟说："工厂里没有带头人。"

威尔不信："什么，在我们最赚钱的为顾客服务最出色的工厂里竟然没有带头人？"

心理学家们说："对。工厂里有我们前所未见的最佳团队。所有的人都在互相合作。每一个人都把功劳归于别人。没有整个团队什么也干不成。"

自那以后，威尔对用人有了新的看法，他决定建立一套训练制度以鼓励团队行为。

"以前我们发现了杰出人才马上把他提拔到公司中心去，使他离开了主流大众，这样做效果并不好。"于是，阿姆科公司设法造就一种新型的领导者，这种领导者与以往的"人杰"不一样，他不是在那里想方设法地最大限度地展示个人的才能，而是尽可能地发挥团队的力量。他总是把成绩归功于他的部下，他能了解谁最需要帮助，对需要帮助的人说："我来帮你得到你所需要的帮助。"他会不断同雇员交流他是如何做的。

在这套新的领导方法实施以后，威尔发现他成功地达到了他的目的——把公司的每一个人都拉来战斗。正如他自己所说的："从全世界的角度来看，这是一场全面的战斗。每个人都在力图把我们的公司抢走。我们努力把公司赢回来，使之成为一个非常成功的公司。我必须使公司里的每一个人，不分男女老少都同我一起投入这场战斗。"而正是由于他果断地改变了过去的做法，靠团队而不是个人，他终于成功地把公司的每个人都拉进了与他并肩作战的行列中，而在他发现他做到这一点以后，他又有了另一个令人惊喜的发现——公司开始起死回生，亏损的局面得到了遏止。不久公司的账面上开始有了新的赢利，且赢利的数额越来越大。他明白，他是真的赢了这一仗——虽然今后还有更多的战斗要去进行。

许多老板都非常注重员工的团队精神，曾有一位跨国公司的老板直言不讳地说："即使是一个天才，如果不具备一种团队精神，我们也不能录用。"一个人的能力再强大，他都不足以代替一个团队的力量。身为老板，你必须是一位高效团队的构建者，整个企业资源、资本的有效整合者。做不到这一点，就算不上是一位成功的老板。

一个能以团队利益为上的员工是最难得的。在一个企业中，这样的员工越多，企业发展的潜力就会越大。当职业危机一波一波袭来的时候，处在失业边缘的优秀员工比比皆是，他们有着一流的业务技能、工作经验，但却往往不具备较强的沟通能力，以及与人合作的能力，这样就制约了他们个人的发展。没有一个老板愿意将这样的员工纳于麾下，毕竟，公司的发展并不只依靠极个别员工的表现。如果不能在团队中充分发挥其团队意识，即使能力再强的员工，也不能给你的团队带来活力与生机。所以，成功构建团队的第一步，就是要培养员工的团队意识，尤其对于一些刚刚进入公司的新员工更应如此。对于那些原本就不具备团队意识的员工，即使他们有才华，也不值得留用。

有一家公司，要招聘3名员工。经过层层筛选，前来应聘的多名应聘者中有9名最后进入了老板的视线。为了做出最终的录用决定，老板向他们提出了同样的问题："你们9个人先自行分成3组，到市场上调查一下最近服装市场的情况，然后把它们写成一份报告交给我。"

这9名应聘者分成3组后，就各奔东西，开始为收集"情报"而忙碌。大家谁也不甘心落选，所以在调查的过程中都很卖力。两天之后，他们的调查报告交到了老板的手里。老板认真地看了他们写的报告，最后对第二组的3个人说："你们已被本公司正式录用，明天就可以上班了。"另外两组的几个人都莫名其妙，于是老板向他们解释说："我已经向你们说过了，你们都是来做销售的，但是，这并不是一件只要付出就可以做好的工作。第二组的3个人之所以被公司录用，是因为他们懂得相互之间借鉴一些经验，从他们的报告中便可以看出来。这正是我们公司所需要的。而你们却在相互竞争，没有良好的团队意识，这恰恰是我们企业最不需要的。"

一个聪明的领导要使他的员工具有对工作团体的向心力，可以采取下列方法。

1. 强调团体工作的重要性

领导应该以身作则地表示"只要我们赢了，谁应该居功都无所谓"的观念。换句话说，领导时时刻刻要担心这个工作团体是否能达到目标，而不必担心谁出风头谁居功的问题，如此，大家都会全力以赴。

2. 建立团体的传统

领导在适当的场合偶尔可以把过去一些好玩、特殊而刺激的事件，不露痕迹地向员工叙述或娓娓道来；另一方面每当员工生日或其他值得祝贺的事

件来临时，领导应该主动安排庆祝会，这样日子一久，团体的历史逐渐形成，有了历史，工作团体自然增加了对员工的吸引力。

3. 设立清楚而容易达到的团体目标

在建立公司的长期目标蓝图后，应该摘要其大纲传述于员工，但是更应该在这项长期计划的参考架构内，制订一些短期而明确的目标。这些短期的目标应该让人一目了然，而且具体可行，唾手可得。如果目标过于笼统而高不可攀，则员工的斗志容易丧失。

4. 给予员工整体合一的认同

不论在会议的场合或指派命令的时刻，要在谈话中强调"我们"、"我们这个部门"或者"我们这个团体"，如此，才能使得员工觉得领导与他们在同一阵线。如果一味地讲"你如何"或"我怎样"，员工便会觉得工作团体不甚重要，所以也容易显得满不在乎。

5. 适当对优秀的员工行为给予认可褒奖

领导必须小心翼翼地揣摩员工的心理，观察员工的表现，随时给予协助、认可、鼓励与赞扬，明确地向员工说明他对团体的重要性。如果有哪一位员工赞美同仁的表现，那么也应该褒奖这一位员工的建设性行为。久而久之，这个工作团体的气氛就会显得和谐而融洽。

6. 把员工当作伙伴

与员工增进共同的体验可产生伙伴意识。此项共同的体验，如果是共担劳苦，则更可增进密不可分的伙伴关系。

7. 心理上与员工保持亲近

要采用参与、观察态度与员工保持联系，适度参与员工的团体，以便了解他们的感觉与想法。同时必须保持距离，否则过度的深入参与会带来彼此的熟稔，而熟稔容易招致员工的轻视。

8. 实施团体激励的措施

除了个人奖金的制度以外，应该设定一套奖赏的办法，以便配合团体激励的政策；此外公司得到特殊的奖励，也应该与员工共享成果。

在一个企业组织里，各种团体如具有高度的凝聚力，那么，员工之间的隔膜会消失，产量会提高，工作会有效率。如此一来，整个组织的目标易于达到，企业得以生生不息。

第二章

领导有方，铁军炼成

　　头狼不是天生的，也不是世袭的；不是选举出来的，更不是"走后门"的结果。要成为头狼，必须靠打拼，靠智慧，头狼是在严酷的生存环境下逐渐成长起来的。头狼意味着特权，比如与母狼的交配权、优先进食权等，但头狼也意味着责任，所以，头狼更需要懂得生存的智慧、领导的智慧。

具备头狼的高傲气质

　　一个没有领导气质的狼不可能经过众多苛刻目光的过滤登上头狼宝座，一个没有领导风度的狼更不可能得到群狼的拥戴而长期地在这个位置上坐下去。狼群与人群的领导者在需要以超强的领导素质和风度实施统治这一点上，有着极大的相似性。

　　权威是有效领导不可缺失的保障，是期望做一个优秀的领导者所刻意追求的东西。没有权威的领导者，比一个普通老百姓还要糟糕。因为，普通老百姓只要干好自己的事就行了，不用借助权威去带领别的什么人去做什么。而领导者不然，领导者不立威，他一个人无论如何也无法统御众人去完成组织的目标。

　　有人用"领导＝实力＋权威"来概括现代组织领导的特征，突出了实力与权威是构成领导能力的要素。以往人们总是强调，领导的能力比什么都重要，其实未必尽然。要成为一个优秀的领导，除了拥有超群的实力，还需拥有非凡的领导气质。这种领导气质，我们通常称之为权威。

权威，可以说是领导头上的光环。失去了它，再有能力的领导在下属眼中也显得一无所有！

一个人之所以为他的领导或组织卖力工作，绝大多数的原因，是领导拥有个人权威，像磁铁般征服了大家的心，激励大家勇往直前。曾经听到一位下属推崇他的领导说：

"你和他在一起待上一分钟，你就能感受到他浑身散发出来的光和热，我之所以卖命努力，乃是因为他本身一股强大的威信，深深吸引我所使然。"

从领导效能的观点来看，权威远胜过权力。

多少年来，有关统御、领导的书籍和研究报告数以万计，讨论的主题涉及组织领导、领导者行为、权力领导，可谓数量众多，内容广泛。

这些重要主题都包含了许多不错的构想。事实上，这些都可精简成一句话：与其做一位实权在手的领导，不如做一位浑身散发着无比"权威"的领导者。

带人要带心。做一位成功的领导者，除非我们具备了相当程度的权威与影响力，否则，是很难实现第一个课题：赢得下属的信赖和忠心。

优秀的领导才能，特别是个人的权威或影响力，这比他的职位高低和提供优越的薪资、福利来得重要许多。它才是真正促进人们发挥最大潜力，实现任何计划、目标的魔杖。

领导们需要更多的是令人慑服的权威，而不是令人生畏的权力。

而是否拥有这种权威，正是领导们能否成功的关键！

领导者的权威形成包括很多方面，比如仪容、德行、知识、魄力等等，而一个人的权威首先是从形象上体现出来的。

一位美洲时装设计师曾说："当你穿得非常邋遢时，人们注意的就是你的衣服；当你穿得无懈可击时，人们注意的就是你本人。"所以，穿着不仅是人们职业生涯的一种道具，更是一种内在魅力的体现。透过一个人的穿着，便可以了解他的内涵与修养。作为一位商界成功人士，更不能忽略穿着对自己形象的影响。

穿着是一种艺术，每个人都会依据自己的喜好选择适合自己个性、体型、兴趣的服装。作为老板，有些时候你必须违背自己的喜好，选择一些更符合职业特点和职位、身份的服装。因为在许多场合，你并不是在为自己穿衣、打扮，而是一种职业与地位的必需。

卡耐基说："良好的第一印象是登堂入室的门票。"人与人初次见面时，都会在不知不觉中认定对方"此人很不友善"、"此人很直爽"等。

所以，外在的第一印象很重要。如果你想在商务活动中保持一种形象上的优势，许多场合并不在于你的相貌如何，而在于你的穿着是否具有吸引他人眼光的魅力。

在办公室中，老板穿着庄重可以起到规范员工行为举止、言语的作用，可以推动他们自尊自爱，增强他们的进取心与责任感。一般情况下，西装给人一种庄重的感觉，为了体现出自己沉稳与成熟的一面，最好选择蓝色，或是深蓝色，或者灰色西服，然后再配上相应色彩的领带和黑色鞋袜。这样的穿着不但容易让人产生一种信赖感，同时，也可以表现出老板成熟的魅力与沉稳的个性。尤其是在一些重要的交际场合，切记不要穿得过分休闲，这样会给人一种没有职业品味、不严肃、不庄重的印象。

曾有一位员工注意到这样一个现象：自己的老板居然从来不重视名牌衣服。这位员工觉得这似乎不合乎逻辑，但是，这位老板却自有一些超越名牌思维的见解：

首先，一身名牌反显老套。

时装的作用不只是装饰，而是个人性格、品味的体现。在美国，已经有越来越多的人放弃了堆砌华丽的穿着习惯，而以简约为时尚。

其次，打扮应注重个性。

要想充分体现自己的个性，就要在穿着上显露出独特性，表现出与众不同的气质。许多跨国公司的老总，不论他们来自哪个地方，对衣着的要求几乎惊人的一致，就是让衣着除了感觉舒适之外，还能够提升他人对自己的肯定。

再次，不盲目抄袭别人。

"我清楚地知道自己适合穿什么，所以不会浪费时间试试这个，试试那个。"现在，许多老板都想塑造"自我形象"，但是，他们对时装的了解却甚少，往往在穿着中埋没了个人的风格，错过了真正意义上的自我展现。

另外，个人品德是权威的重要组成部分。一个领导者责任感强，使命感强，全心全意为企业谋利益，不谋私利，公平待人，态度和蔼，善于沟通、协调人际关系，又具有鲜明的个性特征和高尚的道德品质，那么他的威信肯定高，

影响力肯定强。

领导者的个性和品德可以形成独特的魅力。魅力最能捕捉公众的想象力，凝聚公众的战斗力，吸引公众的注意力，鼓励公众忠心耿耿地为达到群体目标而努力奋斗。

有的人把魅力误解为个性的产物，其实魅力主要与领导者个人的品德、能力相关。加强道德修养，以德树威，再加上有力的职务权力，那么领导者的影响力就会大大增加。

《孙子兵法》中上写道：将者，智、信、仁、勇、严也。意思是说作为一个领导者必须有以上 5 个方面的素质，其中信占有重要位置。领导用人的一个重要原则是"用人不疑，疑人不用"。要用就要信任下级。总之，不仅要相信下级，还要使下级相信你。取信于民才有权威，才有影响力。

情、信、德都属于个人品德的范畴。领导者如何能够满腔热情地关心他人，设身处地地理解他人，尽己所能地帮助他人，诚意真心地尊重他人，那么被领导者就会由衷地信服领导者，领导者的威信则自然而然地树立起来了。

竞争——王者的残酷游戏

在狼群内部，头狼的位置，并不是谁都可以得到的，也不是按照年龄或辈分去安排的，每个公狼都可以竞争这个位置，只有狼群中的最强者能得到这个位置。

对企业而言最有力的竞争策略，就是阻止潜在竞争对手的介入。

在 20 世纪 70 年代，杜邦公司的管理人员认为二氧化钛市场在未来的 13 年里会达到 537 万吨的新规模。基于这一预测，杜邦公司决定增加 50 万吨的生产能力，给对手一个下马威。作为其阻止潜在竞争对手进入的战略内容的一部分，杜邦公司不仅宣布了扩张现有设备的计划，而且假意宣称即将兴建一个 13 万吨生产能力的新工厂，用以展示自己在二氧化钛业务方面所具有的不可超越的生产能力。最后，虽然杜邦公司未能成功地震慑住所有的竞争对手，但是这种宣布生产技术信息的战术还是给公司带来了回报，延迟了潜在竞争对手的进入，并在很大程度上影响了它们原有的进入战略，使它们不得不做出调整，从而为企业赢得了时间和先机。杜邦公司成了二氧化钛的主要生产商，而且使自己在二氧化钛市场中的领导者地位一直保持了大约 25 年之久。

潜在竞争对手一旦加入本行业的竞争，往往会使行业内已有的竞争更加激烈。尤其是那些拥有一定经济实力的潜在对手，为了夺得市场份额，往往会以超低价格进行销售，从而使企业的市场地位岌岌可危，使企业的利润率下降。要想减小这一威胁，企业就必须及早采取措施阻止它们进入。

对于很多企业来说，面对市场竞争，往往无所适从。特别是一些刚创业起步的公司，缺乏阻止对手介入竞争的实力。很多老板最大的难题是缺乏操纵商道的经验，显得比较稚嫩，不知道该如何下手，常有前怕狼、后怕虎的心理。显然，什么都不做，等于死路一条，这就需要发挥自己的强项，避实就虚，仔细琢磨，敢于出手。其实，在商场上吃败仗是常有的事，关键要看准，才能少吃败仗，多打胜仗。

只要你的公司不是冒牌货，那么都有自己的特点，你把这个特点发挥出来，就成了长处，就可以在不利的环境中适应，把危机变成机会。精明的老板在于了解自己的长处和竞争对手的短处，而平庸的老板畏于自己的短处和对手的长处。刚办企业的老板也必须知道，如果不能把自己的优势做强，而想样样经营，最终就会没有自己的特色，使自己缺少竞争手段了。

1. 学会以优胜弱

简而言之，小公司经营战略就是以本公司的优点去攻取对手的弱点。守中有攻，攻中有守；保存自己，消灭敌人。这是小公司生存的关键，也是它取胜的条件。

2. 学会以长攻短

小公司的优势是潜在的、可能的，而其劣势则是现实的。对于小公司来说，精明的公司老板在确立经营战略过程中，要了解自己的长处和对手的短处，而不要畏于自己的短处和竞争对手的长处。长处和短处是可以转化的。在市场竞争中，小公司要善于回避自己的劣势，通过经营战略的有效实施，把潜在的弱势转化为现实的强势。

总之，要"看看森林、看看树木"，发现公司最大的弱点是什么，再有的放矢地进行改革创新，使弱势转为强势。

3. 竞争是"你死我活式"的较量

公司竞争是公司间基本竞争力量的对比、抗争。公司面临的威胁，或者机会，将主要来自这些力量的对抗过程。

美国著名战略学家波特在其所著的《竞争战略》一书中指出："一个产业部门的竞争态势取决于五种基本的竞争力量，这五种力量的合力将决定产业最终的利润潜力。"这五种力量是：

(1) 市场的潜在加入者。新加入者会带来新的资源、新的生产能力，其必然会影响公司现有的市场占有率，打破公司间竞争力量的对比。

(2) 公司（产品）之间的竞争激烈程度。

(3) 替代品或服务的竞争压力，如鲜花、工艺品替代糕点、糖果等作为礼品，空调替代电扇等。

(4) 用户或顾客的成交能力。其实质是不同的公司对不同的市场、用户的选择，即市场目标定位。

(5) 供应者的成交能力。即供应商对厂商所需资源的垄断程度，如长虹集团公司对彩管的集中购买。

构造竞争优势，需要对竞争双方力量对比进行了解和分析。通常，公司在结构分析的基础上找出那些决定性的主要力量（潜在的或现实的），并根据力量对比和利益大小，或直接对抗或联合合作，以形成公司的竞争战略。

通过对竞争双方力量对比的分析，公司可以有针对性地采取相应的竞争策略。如果本公司的实力高于对手，就可以采取全面进攻的策略以彻底击败对手；如果公司能力与竞争对手不分伯仲，最好不要挑起争端，或采取侧翼进攻的办法；如果公司能力显著低于对手，那么最好远离竞争对手，在夹缝中求生存。

总而言之，小公司要想在竞争中取得生存，就必须专注于一点，以寻求突破。

作为企业的领导，不但要指导企业与其他企业间的竞争，还要引导企业内部员工之间的良性竞争。

身为一名领导，你要在企业中引导良性竞争从而达到激励下属的目的，必须时刻牢记于心，你的职责就是要遏制下属之间的恶性竞争。

每个人对美好的事物都有羡慕之情。这种羡慕之情来源于对别人拥有而自己没有的好的东西的向往。关系亲密的人，这种羡慕之心尤为显著。你也许不会去羡慕克林顿能当美国总统，但是你可能会对你同事新上调为领导一事羡慕不已。这种情感有时会因为某种关系的确定而消失。例如：由恋人而变成夫妻，对方的长处就会被另一方共同拥有，此时这种羡慕的想法就会消失，而当这种关系亲密的人的角色不能转换时，羡慕之情就会一直维持下去。比如说大家抬头不见低头见，工作上又相互较劲的同事之间；学习成绩不相上下，又竞争同一所名牌大学的同学之间。一般来说，越是亲近，越是熟悉的人之间越是容易产生羡慕之情。女人往往比男人更容易产生羡慕之心。

有的下属羡慕别人的长处，就会鞭策自己，努力工作，刻苦学习，赶超对方。这种人会把羡慕、渴求的心理转化为学习、工作的动力，通过与同事的竞争来缩短彼此间能力的差距。这种良性竞争对部门有着很大的好处，它能促使部门内的员工之间形成你追我赶的学习、工作气氛，每个人都积极思索着如何提高自己的能力，掌握更多的技能，从而取得更大的成就。这样一来，部门的整体水平就会不断地提高，充满生机与活力。

但并不是所有的人都明白"临渊羡鱼，不如退而结网"的道理，他们由羡慕转为忌妒，甚至是嫉恨。这种人不但自己不思进取，相反还会想出各种见不得人的花招打击比他们强的人，通过使绊、诬蔑等手段拉先进职员的后腿，让大家扯平，以掩饰自己的无能。这种恶性竞争只会影响先进者发挥积极性，使得部门内人心惶惶，员工之间戒备心变强，影响企业前进的动力。如果整个部门长时间处于这样的气氛，那么员工的大部分时间与精力都会耗在处理人际关系上，就是领导也会被如潮涌来的相互揭发、抱怨给淹没，这样的部门还有什么指望呢？

你是领导，你是部门的核心与希望，你一定要留心部门的气氛，积极引导良性竞争，采取措施防止恶性竞争的出现。你可以参考以下几种技巧：

(1) 创建正确完善的业绩评估机制。以实际业绩为根据来评价员工的能力，不可根据其他员工的意见或是你自己的好恶来评价员工的业绩。评判的标准要尽量客观，少用主观臆断。

(2) 创建公开的沟通交流体系。让大家多接触、多交流。有话当面说，有意见明摆出来，诚实地表达自己心中的想法。

(3) 不鼓励员工搞小动作，不理各类小报告。坚信"兼听则明，偏信则暗"。

（4）严惩那些为了谋一己之利而用各种手段攻击同事，破坏部门正常工作秩序的员工。

部门就好比一台大机器，每个员工都是机器的一个组成部分。领导的职责就是激励这台大机器上的各个部分，即引导员工们进行良性竞争，让大家心往一处想，力往一处使。只有这样，部门这台大机器才能越转越好！

培养头狼般的决断力

从整个狼族看来，其内部的每个狼群都是一个小的团队，而且，每个狼群都有自己的领导者，即阿尔法公狼。阿尔法公狼往往具有群体里最强壮的体格、撼人的勇气以及超强的领导能力，尽心尽力地履行着自身的使命，贡献着自己的力量。阿尔法公狼率领着狼群的成员有秩序、有纪律地称雄于动物界。

在关键时刻，阿尔法公狼优秀的决断能力、高效的领导力可以拯救整个狼群。由此可见，一个善于领导、管理和决断的团队首领是多么重要和必要！

目前，社会上最受欢迎的青年人是那些有精确判断力与非凡经营能力的人。那些有主张、有独创性、肯研究问题、善于经营管理的人才是人类的希望，也正是这种人，充当了人类的开路先锋，促进了人类的进步。

一个有迅速而坚决的判断力的领导者，他的成功机会要比那些犹豫不决、模棱两可的人多得多。所以，请尽快抛弃那种迟疑不决、左右思量的不良习惯吧！这种不良的习惯会使你丧失一切原有的主张，会无谓地消耗你的所有精力。

有些领导遇到事情时，明明已经详细计划好了、考虑过了，已经确定了，但有些人仍然畏首畏尾、瞻前顾后而不敢采取行动，甚至还要重新从头考虑，还要去征求各处的意见，东看西瞧，左右思量，无法决断。最后，脑子里各种念头越来越多，自己对自己就越来越没有信心，不敢决断。后果就是，人的精力逐渐耗散，终于陷入完全失败的境地。

我们处理事情时，事先应该仔细地分析思考，对事情本身和环境下一个正确的判断，然后再做出决策；而一旦决定做出之后，就不能再对事情和决策产生怀疑和顾虑，也不要管别人说三道四，只要全力以赴地去做就可以了。做事的过程中难免会发现一些错误，但不能因此心灰意冷，应该把困难当教训、把挫折当经验，要自信以后会更顺利，而成功的希望也就更大。

缺乏判断力的人往往很难决定开始做一件事，即使决定开始做了，最后也往往无法收场。他们一生的大部分精力和时间，都消耗在犹豫和迟疑当中了，这种人即便有其他获得成功的条件，也永不会真正获得成功。

一个头脑清晰、判断力很强的领导者，一定会有自己坚定的主张。他们绝不会糊里糊涂，更不会投机取巧，他们也不会永远处于徘徊当中，或是一遇挫折便赌气退出，使自己前功尽弃。只要是做出决策、计划好的事情，他们一定勇往直前。

那么，怎样使我们成为一只头狼？怎样培养我们的领导才能和决断才能呢？也就是说，如何使别人乐于和我们合作，支持与帮助我们成功呢？

领导行为的核心在于影响和推动，其特征在于能够担负目标使命并使其他成员贯彻实施。

要做一位成功者，必须具备以下 11 个条件：

1. 在对自己的职业具有深刻认识的基础上，满怀自信和勇气

没有一位追随者愿意被一位缺乏自信与勇气的领袖所支配。这种领袖不可能长期支配聪明的追随者。

2. 自制

不能控制自己的人，是没有能力控制别人的。自制是为追随者树立领袖榜样，以引起追随者的效仿。

3. 正义感

如果一位领袖没有公平与正义感，就不可能指挥追随者，并保持追随者对他的尊敬。

4. 迅速的决策

作决策时犹豫不决的人，表示他对自己缺乏信心，因此不可能成功地领导别人。

5. 明确的计划

成功的领袖必须对他的目标有明确的计划，没有可行的明确的计划，就好比没有舵的船，迟早要撞上礁石的。

6. 加倍工作

做领袖的人必须付出的代价，就是比他的部下做更多的工作。

7. 迷人的个性

一个做事马虎、生性冷漠的人，不可能成为成功的领袖。领袖需要被人尊敬，因而他必须具备迷人的品性。

8. 同情与谅解

成功的领袖必须同情他的追随者，为此他必须了解下属及其他人所面临的问题。

9. 精通专业

成功的领导者对自己所领导的专业要精通。

10. 愿意承担全部责任

成功的领袖必须愿意对他的追随者的错误负责。如果他想推诿责任的话，他就不够资格做一个领袖。追随者犯了错误并显示出其无能之处时，领袖必须认为这是自己的错误。

11. 遵循合作原则

成功的领袖必须了解和运用合作原则，并教育他的部下也这样去做。领导需要权力，而权力需要合作。

努力按照这些原则去做，并坚持不懈。久而久之，你就会发现，你自己已经培养起了你的领导气质和管理才能，你距离成为头狼已经越来越近了！

第三章

狼性管理，企业腾飞

狼是"稳、准、狠"的动物，狼群更是一个具备了所有战斗优点的团队。在捕猎的时候，它们方向明确，纪律严明，秩序井然，配合默契。因此，狼也被公认为是群居动物中最有秩序、纪律的族群。另外，狼还拥有极强的自我更新能力，这些都是一个优秀的战斗团队必备的特征。因此，研究狼性对于我们的管理来说大有裨益。

很多企业梦寐以求地希望能够拥有具备"狼性"的员工和团队。在一个竞争激烈的市场上，具备"狼性"的组织生存能力会更强，更有生命力。

目标缔造企业神话

狼是目标管理的高手，它们能把狩猎目标分类，猎物群里面，较虚弱的、受伤的、年幼的、年老的成员，会很快成为狩猎的目标。对于猎捕的目标，狼也绝对不会做出无意义的行为，不管是恐吓性的咆哮，还是无谓的奔跑。它们是有策略的群体，通过紧密的沟通，精准地执行每一步骤。每当行动来临，团体的每一匹狼都清楚地了解它所需扮演的角色，以及整个族群对它的期待。

同样，企业也只有具备了明确的目标，才会创造企业的业绩神话，在激烈的市场竞争中立于不败之地。

目标管理是组织的最高层领导根据组织面临的形势和社会需要，制定出一定时期内组织经营活动所要达到的总目标，然后层层落实，要求下属各部门主管人员以至每个员工根据上级制定的目标和保证措施，形成一个目标体

系，并把目标完成情况作为考核的依据。简而言之，目标管理是让组织的主管人员和员工亲自参加目标的制定，在工作中实行自我控制，并努力完成工作目标的一种制度或方法。目标管理作为现代化管理方法之一在实践中不断发展，现已成为企业管理的重要组成部分，被誉为"现代企业之导航"和使企业起死回生的有效手段。

管理大师德鲁克曾说："目标管理改变了经理人过去监督部属工作的传统方式，取而代之的是主管与部属共同协商具体的工作目标，事先设立衡量标准，并且放手让部属努力去达成既定目标。"

目标管理是参与管理的一种形式。目标的实现者同时也是目标的制定者，即由上级与下级共同确定目标，上下协商，制定出企业各部门直至每个员工的目标，用总目标指导分目标，用分目标保证总目标，形成一个目标链。目标管理强调自我控制，通过对动机的控制达到对行为的控制。目标管理促使下放过程管理的权力，目标管理还力求组织目标与个人目标更紧密地结合在一起，以增强员工在工作中的满足感，调动员工的积极性，增强组织的凝聚力。

实行目标管理，首先要建立一套完整的目标体系。这项工作总是从企业的最高部门开始，然后由上而下地逐级确定目标。上下级目标之间通常是一种"目的——手段"的关系，某一级的目标需要用一定的手段来实现，这些手段就成为下一级的次目标，按级顺推下去，直到作业层的作业目标，从而构成一种锁链式的目标体系。

建立一套完整的目标体系是目标管理最重要的手段，它可以细分为4个步骤：

1. 高层管理预定目标

这个目标既可以由上级提出，再与下级讨论，也可以由下级提出，由上级审批。无论采用哪种方式，必须经由共同商量决定。同时它还是一个暂时的、可以改变的目标预案。领导必须根据企业的使命和发展战略，正确评价客观环境可能带来的机会和挑战，还要对本企业的优劣势有一个清醒的认识，以便对组织应完成的目标有一个整体的把握。

2. 明确组织结构和职责分工

在目标管理中，要求每一个分目标都要有明确的责任主体。因此设定目标之后，就需要重新认识现有组织结构，并根据目标体系要求进行调整。

3．明确下级的目标

首先要向下级明确组织的远景规划和发展目标，随后再确定下级的分目标。在讨论中，上级要尊重下级，耐心倾听下级意见，指导他们制定一致性和支持性目标。分目标尽量做到具体化，同时还要分清轻重缓急，防止顾此失彼。制定的分目标既要有挑战性，同时又要有实现的可操作性。员工和部门之间的分目标要和其他的分目标之间协调一致，以便有利于组织目标的实现。

4．上级和下级要达成一致意见

分目标确定之后，要授予下级相应的一些资源配置权力，从而实现权责利的统一。在达成一致意见时，可以由下级写成书面协议，并编制目标记录卡片，由组织汇总所有资料后，制成组织的目标图。

另外，在目标管理中，作为企业领导应注意，目标不是摆设或者口号，要盯住目标做工作才会有成效。

目标是领导和管理工作的向导，是要人们经过努力去实现的，而不是摆给别人看的。然而，有些领导者在工作中常出现这种现象：订工作计划时，把目标说得头头是道；开展工作时，却把目标忘得一干二净；总结工作时，又追悔莫及。以后，又周而复始地循环。有的领导者经过几次这样的循环，顿悟了，懂得盯着目标做工作了。而有的领导者，则继续进行着这种恶性循环。为了少付出代价，建议领导者掌握以下要点：

（1）把目标公之于众。目标确定之后，要把它公布出来，让它家喻户晓，让每个人都关心目标，在群众中造成大家都为实现目标而奋斗的舆论和风气。群众的力量和舆论的力量是强劲的，舆论一旦形成，目标就不容易被少数制定目标的领导者所遗弃，舆论和群众的群体行为，对领导者有促进和监督作用。当部门领导者在工作中偏离目标或工作不得力有达不到目标的危险时，群众会理直气壮地拿着目标向领导提意见，迫使领导者把注意力拉回到实现目标的正确轨道上来。

（2）遇事想一想是否与目标有关。多数领导者经常处于矛盾状态之中，一方面他要盯住目标做工作，要做出实际贡献；一方面又被来自上下左右的种种与目标无关或关系不大的事情所干扰。有的领导者抱怨道："与其说我领导别人，不如说我被众人所领导，甚至可以说我成了俘虏，任人支配。"

事实也的确如此，当他正要处理他目标之内的事情时，办公室里走进两个人，他需要接待一番，去处理来者所要求办的事情。不一会儿，电话铃响了，他不能不接，也许是他的上司，也许是有什么重要的事情向他请示。就这样，领导者欲盯住目标工作，而实际上却很难办到。

领导者如果采取"来了什么，就做什么"的态度，那他就只有穷于应付了。也许他很有才能，对送上门来的一件件事情都处理得很好，然而其中许多事情与他要完成的目标毫无关系，他实际上是在浪费时间和精力，他被那些大大小小的、不少是"善意"的"干扰者"逼得无成果或无绩效。

领导者遇事应先想想与目标是否有关，把目标作为判断标准。如果有关，就积极认真地办；如果无关或关系不大，就尽可能不办，能推就推，能拖就拖，能敷衍就敷衍。但在态度上要温和，把不办的道理向要求办事的人说明白，请对方理解。

(3) 时时检查工作是否偏离了目标。如果客观情况发生了较大变化，原定的目标已经与当前的情况不适应的时候，适当修正目标就成为必要的了，如果仍固执地抱着原来的目标不放，那也可能导致失败或无效。不盯着目标做工作，不可能获得好的效益，没有修正目标的灵活性，也不会有好的效益。

铁的纪律不容打破

狼群内部有着严格的秩序，这种秩序背后是狼群内严格的纪律规定。这些纪律具有强大的权威，每匹狼都必须遵守。而如果有哪匹狼破坏了规则，它将会受到严厉的惩罚。正是这种规则意识确保了狼群整体行动和严谨有序。

管理现代企业，同治军一样，要有严明的纪律和令行禁止的作风。若不顾纪律，人心便会叛离，组织就不能发生效用。在执行纪律中，应一视同仁，不能受个人因素的影响，不可感情用事。

日本伊藤洋货行就是一个很好的例子，尽管岸信一雄是个经营奇才，但他居功自傲，不守纪律，屡教不改，董事长伊藤雅俊最终还是下决心将其解雇，以一儆百，维护企业的秩序和纪律。

战功赫赫的岸信一雄的突然被解雇，在日本商界引起了不小震动，就连舆论界也以轻蔑尖刻的口气批评伊藤。

人们都为岸信一雄打抱不平，指责伊藤过河拆桥，将三顾茅庐请来的一雄给解雇，是因为他的东西给全部榨光了，已没有利用价值了。

在舆论的猛烈攻击下，伊藤雅俊却理直气壮地反驳道："秩序和纪律是我的企业的生命，不守纪律的人一定要处以重罚，即使会因此减低战斗力也在所不惜。"

事件的真相到底是怎样的呢？

岸信一雄是由"东食公司"跳槽到伊藤洋货行的。伊藤洋货行是以从事衣料买卖起家，所以食品部门比较弱，因此才会从"东食公司"挖来一雄，"东食"是三井企业的食品公司，对食品业的经营有比较丰富的经验，于是有能力、有干劲的一雄来到伊藤洋货行，宛如是为伊藤洋货行注入了一剂催化剂。

事实是，一雄的表现也相当好，贡献很大，10年间将业绩提高数十倍，使得伊藤洋货行的食品部门呈现一片蓬勃的景象。

从一开始，伊藤和一雄在工作态度和对经营销售方面的观念即呈现出极大的不同，随着时间增加裂痕愈来愈深。一雄非常重视对外开拓，常多用交际费，对部下也放任自流，这和伊藤的管理方式迥然不同。

伊藤走传统保守的路线，一切以顾客为先，不太与批发商、零售商们交际、应酬，对员工的要求十分严格，要他们彻底发挥他们的能力，以严密的组织作为经营的基础。伊藤当然无法接受一雄的豪迈粗犷的作风，因此要求一雄改善工作态度，按照伊藤洋货行经营方式去做。

但是一雄根本不加以理会，依然按照自己的方法去做，而且业绩依然达到水准以上，甚至有飞跃性的成长。充满自信的一雄，就更不肯修正自己的做法了。他说："一切都这么好，说明这路线没错，为什么要改？"

为此，双方意见的分歧愈来愈严重，终于到了不可收拾的地步，伊藤只好下定决心将一雄解雇。

松下幸之助一向重视"人情"，主张尽量不解雇员工的。但他指出："这件事情不单是人情的问题，也不尽如舆论所说的，而是关系着整个企业的存亡问题。"对于最重视纪律、秩序的伊藤而言，食品部门的业绩固然持续上升，但是他却无法容许"治外权"如此持续下去，因为，这样会毁掉过去辛苦建

立的企业体制和经营基础。从这一角度来看待这一事情，伊藤的做法是正确的，严明的纪律的确是不容忽视的。

如果你是一个经理、一个主管或是一个领班，你就一定有这样一种体会：单位里制定的不少条条框框，在很多时候根本不管用。你刚给你的下属发了一本关于守纪律的小册子，如果第二天要再收上来，可能连一半都收不来了，因为你的职员也许已随手把它扔掉，或者放在了一个他自己都记不起的地方，有些单位为此也使用了一些强制性措施。比如他们用随机抽查的办法强制员工背记纪律手册，一条一条地背。如果不幸被抽查到有某条或某几条答不上来，就实行扣分或罚款，有的单位还开展员工纪律知识方面的知识竞赛，通过奖励的办法来调动员工们对纪律的重视。

纪律是一切制度的基石，组织与团队要能长久存在，其重要的维系力就是团队纪律。要建立团队的纪律最首要的一点是：领导者自己要身先士卒维护纪律。

纪律可以促使一个人走上成功之路。怡安管理顾问公司的陈怡安博士曾说过：领导者的气势有多大，就看他纪律有多深。一个好的领导者必定是懂得自律的人，而且也一定是可以坚持及带动团队遵守纪律的人。

主动抢得先机

狼群在战斗中是将狼性中的凶猛抢先表现得淋漓尽致的时候，当机遇刚刚冒出一点苗头时，狼群就会主动出击，先声夺人，抢得有利的先机，最终轻松获胜。

狼性的凶猛抢先表现在战略上就是我们所谓的"捷足先登"。这个战略自古以来就备受青睐。在中国成语里有这么一句类似的"捷足先得"，意思是指抢先可以达到目的或得到所求的东西。《史记·淮阴侯列传》云："秦失其鹿，天下共逐之，于是高材疾足者先得焉。"

捷足先登，正所谓先下手为强，在市场上的具体体现就是企业的抢先战略，又称市场先导者战略，它是企业实行抢先占领市场的战略，企业总是将其注意力集中于行业的制高点，凶猛地比竞争对手抢先一步占领市场。成功的抢先战略对于竞争对手来说具有不可模仿性和不可抗拒性。对于市场战略来说，时间比资金、生产效率、产品质量、创新观念等，更具有紧迫性和实效性。在当今激烈的商场竞争中，抢先战略更是赢得市场竞争胜利的重要条件。

实践早已证明，在其他因素相同或基本相同的情况下，谁先抢占商机，谁就会取得最后的胜利，抢先的速度已成为竞争取胜的关键。闪电般的行动必然会战胜动作迟缓的对手，使对手在没有硝烟的战场上败下阵来。先发制人、抢占先机而制胜的事例古已有之，唐初李世民的"浅水原之战"就是这种实例。

唐高宗武德元年7月，割据西北的薛举率军进犯泾州。秦王李世民率军前往迎击。不久，因李世民身患急病，军中无主，唐军在浅水原被薛举之子薛仁果打得几乎全军覆没，形势十分危急。8月，李世民病愈，改变了作战方略，坚守不出，与敌军相持两月有余不交一战。

这时薛举病死，薛仁果屡次督军求战，李世民仍按兵不动。诸将遭敌辱骂，纷纷请求与敌决一死战。李世民劝阻说："我军新败，士气沮丧，敌人恃胜而骄，有轻我之心，应当闭垒以待之，彼骄我奋，可一战而克。"于是传令三军："有敢言战者斩。"

不久，薛仁果军中粮尽，部将梁胡郎等率部投降。李世民得知敌人离心离德，便命令行军总管梁实到清水原筑营诱敌，待敌攻击疲惫之际，李世民突率大军袭击敌军后路，斩首数千。敌人惶恐退逃，李世民统帅轻骑两千追杀，窦轨叩马苦谏："我们虽然击败了一部分敌人，薛仁果还占据着坚固的城池，不可贸然进兵。"李世民说："我已考虑很久，破竹之势，不能失掉，请舅舅不要再说了。"于是继续直追。

薛仁果布阵于折摭城下，李世民凭据泾水与之对阵，这时敌将浑干等数人临阵而降。薛仁果恐惧不安，急引军入城据守。李世民率军将其合围。半夜，守军争相投降。薛仁果欲战不能，只好开城投降。

唐军攻占敌营后，诸将向李世民请教："大王一战而胜，骤然舍去步兵，又无攻城器械，轻骑直驱城下，大家都认为不能攻克，但都毫不费力就攻下了，这是什么缘故呢？"

李世民解释说："敌军多为陇外之人，将骄卒悍，只是出其不意击破了他们，斩获并不多。如果延缓时间，都进入城中，薛仁果抚慰他们，重整旗鼓，

就麻烦了，骤然攻击，敌人就会分散逃回陇外，薛仁杲吓破了胆，无暇为谋，这就是我一战而胜的原因。"

诸将听了，深为叹服。

上面我们讲了抢先战略的优势，那么，在实践中如何实施抢先战略呢？

1. 做到五个关注

(1) 关注外部：时刻关注企业会遇到什么风险，有什么机遇，外部市场有什么变化。

(2) 关注外人：我们要更多地打开眼界，从外部范围中选择更合适的人。只有关注外人，才能在更大的范围里配置人力资源，并且配置得更有效、更准确。

(3) 关注外脑：现在一个企业单凭领导人的头脑（也即内脑）显然是不够用的，必须更多地借助别人的智慧（也即外脑），而这个外脑可以是下级、工程技术人员、朋友等，这样才能最大限度地打开思维的空间。

(4) 关注外行：要提高我们的竞争力，必须在关注本行业的同时，不断扩大知识面，才会更有效地提高决策的质量。

(5) 关注外地：随着电子商务的应用，现代科技的发达，我们在选择供应商和分销商的时候，应更多地考虑外地。同时，我们还要有效地扩大配置资源的半径，配置资源的空间。这里的资源既指人力资源，也指信息、资本等方方面面的资源。也就是说配置资源的半径越小，这个企业就越落后；半径越大，企业就越发展。

2. 正确选择

决策的重点是选择，选择是要有标准的，而标准又是多个的，必须排出优先的顺序。所以说，决策不难在选择空间的扩大，而是难在标准增多以后怎么排序。管理就是决策，而决策是理性的，必须减少感情和情绪的因素，尤其在重大项目的决策时，我们要有一个明确的价值取向，要有一个标准的清晰的排序，抓住机遇，及时决策。

实施"抢先战略"，意在"先"，贵在"抢"，因为"商机"是短暂的、有限的，是转瞬即逝的。正所谓"机不可失，时不再来"。据报载：有段时间，许多顾客到北京前门外一家商店打听有无其需要的畅销商品。一商家便亲自到广州进货，可到广州发现已有多家北京商店都在进此货，这家店的经理当机立断，急用飞机抢运回京。果然，产品供不应求，当这家产品的销售进入尾声时，其他商家才姗姗来迟。这便是"快鱼吃慢鱼"的最好诠释，正所谓"领先一步，海阔天空。落后一步，寸步难行"。当然，谁都知道"抢先战略"势在必行，是企业得以生存和长足发展的制胜法宝。

当然了，抢占先机成功之后，顺势而为，继续努力做好，始终保持领先地位，成为行业权威或龙头老大，这才是正确的抢先战略。

第四章

企业竞争，策略为上

狼知道自己的全部优点和弱点，更知道猎物的每一个特征和习惯。在不同的时间和地点，面对不同的对手，狼群都会采取不同的策略。如果你能看到一次完整的狼群围猎，你一定会被"狼阵"所震撼。

企业如果拥有这样的"狼阵"，定能战胜各种艰难险阻，从行业中脱颖而出。

积极进攻的战略

狼的一生都在闪躲着从来没有停止过的血腥猎杀，一生都在进攻和逃逸的搏击中开辟着自己的生存空间。

企业管理也应该学习像狼一样的进攻型战略。

进攻型战略，从词义上看，有攻略、突破、领先、挤占、排斥等等含义。归纳起来，可以说这种战略的行为特征就是通过竞争主动地向前发展。进攻型战略的这一特征可体现在各个方面，但基本上可以分为产品进攻型战略、成本进攻型战略和市场进攻型战略。一般来说，进攻型战略的实施要求企业有更充分的可分配资源的支持，这又相应地增加了战略实施过程中的风险性。因此，一个企业要想通过进攻型战略获得真正的向前发展，应当始终把握一个原则，就是要集中重点，选择明确的战略方向，力求在尽可能短的时间内实施战略突破，形成比竞争对手领先一步的竞争优势。

进攻首先要找好进攻的目标。在市场中有四类目标是最容易的进攻目标。在进攻中可以优先考虑：

第一类，小型的地区公司。此类公司因为技能和资源有限，提供的相关配套服务、设施等必定有不到位的地方，所以有可能抢占其最大最好的客户。特别是那些快速成长、产品结构越来越复杂，而且正极力转向提供全方位服务的供应商的客户。

第二类，经营危机的公司。挑战一家步履维艰的竞争对手，让他们进一步丧失竞争地位，加速其出局。

第三类，二流厂商。对于一些二流厂商来说，如果挑战者的资源强势和竞争能力正好适合挖掘和利用这些二流公司的弱点的话，那么，这些二流公司就成为最好的进攻目标。

第四类，"假冒"的市场领导者。有一些公司从规模和市场份额的角度来看是市场领导者，但是在为这个市场提供产品或服务上面却不是"真正的领导者"，对这种公司采取进攻性行动就可以取得很好的成效。

市场领导者脆弱性的信号有：购买者不满意，产品线不如其他一些竞争厂商好，竞争战略缺乏以低成本或者差别化为基础的强势，行业领导者钟情于自己曾经首创的老化技术、过时的工厂设备等等。那么，针对这种情况，旨在侵吞市场领导者地位而采取的进攻性行动就有希望取得成功。

进攻的一个基本原则是：以己之长，攻其所短。因此，公司所采取的进攻性行动应该同公司最强大的竞争资产——公司的核心能力和资源优势紧密联系起来。进攻性行动的中心可以是一项新一代的技术、一项新开发出来的核心能力、一种具有革新意义的产品、新推出的某些具有吸引力的产品性能特色、产品生产或者销售中获得的某种竞争优势，也可以是某种差别化的优势。如果挑战厂商的资源和竞争强势相对于竞争对手来说是一种竞争优势，那么，这种优势就越强越好。

奥克斯就是把进攻型战略演绎得完美的典范。

2000 年至 2002 年的 3 年中，奥克斯空调高速发展到了一个十分关键的节点。于是毫不犹豫地选择了进攻，而且选择了中国空调市场最难以把握的广东市场——以广东市场为代表的华南市场一贯以其成熟市场固有的稳定性在中国空调市场中占有很高的位置。2002 年华南市场的销售总额占全国市场销售总额的 20.56%，而广东市场又是华南市场中绝对的核心，2002 年广东市场销售权重占华南市场的 73.65%。攻下广东市场就能够在华南其他市场迅速扩张。

奥克斯将"革命"广东的营销目标定为：将广东空调市场一线品牌现有的价格拉下 1000 元左右，使广东空调市场的价格格局发生改变；在 2003 年全面进入广东市场的大商场和大卖场，做到哪里有空调卖，哪里就有奥克斯；在 2003 年实现 5 亿元的销售，2005 年内则达到 10 亿元。

2002 年 9 月，奥克斯空调抽调原湖南分公司经理毛绍辉出任新一届广州分公司经理，奥克斯空调在湖南市场已连续多年实现行业冠军地位。与此同时，一批在全国各地市场取得较佳成绩的分公司经理成为广东市场的营销新军。为更好地保证 2003 年在广东市场的精耕细作，奥克斯空调决策者果断决定将原广东一个分公司模式变阵为 6 个分公司两个办事处（广州、深圳、佛山、中山、汕头、湛江分公司，东莞、海南办事处）。考虑到一系列市场活动之后，市场可能会出现一个井喷式的增长，提早将原只有 3 人的售后服务队伍增加至 10 人，并完善了相关的服务标准。紧接着，奥克斯打出了一系列组合拳。它祭出价格的武器、发动事件营销、巧打"非典"牌、启用免费年检、发"白皮书"使奥克斯以挑战者的身份，在中国空调品牌数量最多、本土品牌基础最好的广东市场向一个强势群体发起攻击。从价格、传播、服务、渠道、技术等多方面下手。

奥克斯空调因为以广东市场为代表的区域实现了高速增长，2004 年 1 月 7 日被中国企业联合会评选为"2003 年中国最具成长型企业"之一；奥克斯空调因在广东市场的良好表现，在 2003 年底由《羊城晚报》组织的"广东家电风云榜"评选中被评为"2003 年度最具潜力空调品牌"；奥克斯空调因率先发布《中国空调技术白皮书》，广东省消费者协会授予奥克斯空调"2003 年度最诚信家电品牌"称号；奥克斯在广东市场启动的"中巴之战"，被中国空调权威机构《空调商情》及其他媒体评为"2003 年中国空调十大营销事件"之一；奥克斯空调销售总经理吴方亮因为广东市场的成功运作，2004 年 1 月被《南风窗·新营销》评为"影响中国 2003 的 50 位营销操盘手"之一；奥克斯空调全国市场总监李晓龙因为成功参与策划"中巴之战"，2004 年 1 月被《成功营销》评为"中国十大营销操盘手"之一；奥克斯空调广州分公司经理毛绍辉因为广东市场的成功运作，被《中国电子报》、《中国家电网》等单位评为"2003 年度家电杰出十大职业经理人"之一。

韬光养晦，伺机而动

　　十足的耐心保证了狼群围猎的胜利。实际上，经过长达数日的煎熬，狼也早已饥肠辘辘，但它们不会放弃任何一个细小的机会，抓住出击，最终获得猎捕的胜利。

　　可以这样说，除了人类之外，狼族可算是最善谋略的动物。它们往往会用长达好几天的时间，持续观察并且监控被它们"相中"的猎物群。令人吃惊的是，它们绝不会在此过程中显露出丝毫的疲倦或厌恶，它们也不会对这群猎物实施毫无意义的追逐或侵扰行动。

　　在这段时间里，它们似乎满足于充当观察者的角色，仔细地综合分析所观察到的猎物群成员的生理与心理状态。显然，猎物群中，那些年幼、老弱和受伤者，会很快成为它们狩猎的目标。但是，狼族优秀之处并非仅限于对狩猎对象的辨别，它们甚至能够观察、记录下许多细微到连人类都无法知觉的个性特征与习性。在对方的群体中，或许会出现一些细微的慌乱行为或征兆，致使某些有着特殊习性的成员脱离了群体及其庇护，从而成为狩猎的突出目标。这一切，绝对难逃观察细微且极具耐性的狼族的注意。

　　狩猎的成功，终将随着它们的超强耐性而降临。事实上，在这段捕猎的过程中，为了使最终目的得以达成，狼族得等待数日以上，并且可以忍受极端的饥饿，甚至几乎濒临饿死的边缘也在所不惜。有人或许要问："它们何以不直接进行攻击，以快速完成捕猎工作呢？"因为，如一只像驯鹿般大小的有蹄动物，对体型较小的野狼而言，它的蹄会造成严重的伤害甚至致命。所以，狼族宁可选择长期等待，用"耐性"换取胜利，也不愿以生命换取一时的饱足。

　　人类战争史上的许多战例，与狼族之战术极为相通。获胜的一方往往在交战之初，避其锋芒，拖延时间，耐心观察和等待，甚至于不惜付出局部的利益及牺牲，直至在强弱互变的情况下才发起致命的攻击。

　　在现代商战的市场份额争夺战中，类似于此的战例也不在少数。总之，在这里不仅仅是交战双方战略、战术上的一较高下，而且是双方指挥员在耐

性和意志力上的拼搏。

有一句话说得好："胜利往往属于最后的等待者！"愿您能从此章中获得收益，做一个具备超强耐性的强者。

在草原上所有关于狼的传说中，最著名的就是"白狼战队"。白狼战队在袭击牧民的羊群时，总是在牧民们绝对想不到的时刻，牧民们总是在羊群遭到袭击时才蓦然发现，但为时已晚。在羊群遭到多次袭击之后，淳朴的牧民相信这是一群长了翅膀的白狼。

用科学的眼光来看，狼显然不可能长翅膀，白狼战队之所以总在牧民们意想不到的时刻出现，是因为它们具有足够的耐心，总是等到最合适的时机。白狼战队并不需要翅膀，足够的耐心是它们轻松取胜的法宝。

狼的耐心是获取食物的重要保障，没有耐心就没有食物，没有食物就不能生存。在团队中，我们同样要把耐心提到生存的高度去看待。一个优秀的团队，必须有成熟的领导者。而领导者必须时刻站在团队的角度去思考问题，必须保持足够的冷静。商场如战场，一次失败就足以使整个团队灭亡。在激烈的竞争中，到处都是看不见鲜血的战场，冲动者在这种时刻会不顾后果地与人展开正面的交锋，结果弄得两败俱伤。

在商场吞并战中，最忌讳的就是选择错误的时机，出击太早就会过早地暴露自己的意图，会被人抬高价格，出击太晚则会被别人抢得先机。因此，一个优秀的团队要想在吞并战中取得胜利，最重要的就是，保持足够的耐心，选择最合适的时机出击，用最小的代价换取最大的利益，这是商场上的生存哲学。

创新突破，持续成长

如果所有狼都去抢一块骨头，肯定有的狼要被饿死。聪明的狼在去抢骨头的时候，很懂得思考，为什么只有一块骨头，另外的骨头在哪里？最终找到自己寻找骨头的方法。只有找到新方法，狼才能活下来，而那些都去抢唯一一根骨头的狼，只有被饿死的下场。

企业不断创新实际上是自身变革的一种需要，一个企业要持续发展，必须要创新地变革。

当我们对一些企业负责人说到创新的重要性时，常常听到这样的话：

"我们什么条件都没有，拿什么去创新啊？"

这样的回答使我们想起1972年发生在新加坡的事。

当时，新加坡旅游局向总理李光耀提交了一份报告，报告中说：我们旅游资源太缺乏了，没有中国那样的长城，没有日本那样的富士山，没有夏威夷那样的海浪，我们除了阳光，什么都没有，要发展旅游业，实在是太艰难了。

李光耀看过报告后，批示道：有阳光就够了！

阳光，是一种宝贵的资源，可又是一种多么平常的资源啊。但新加坡利用这一资源，大种花草，使新加坡成为世界著名的"花园城市"，吸引了世界各地无数的游客。

这个故事不是很有启发意义么？只要企业里还有人，就还有创新的可能。你比别人创新多一点点，就必然领先一点点。福特的成功是创新的结果，丰田的超越，也是创新的结果。

创新从何而来？可以来自冥思苦想之后的茅塞顿开，也可以来自外部刺激所激发的灵感。在工作、生活中往往存在个人、他人、集体三种萌生创意的源泉。

来自于个人的创新关键在于超越自己，更准确地说是超越过去的自己，这是最困难的事情之一。来自于他人的创新就是超越他人，站在别人的肩膀上，以求看得更远。从学习、借鉴到思考，直至提出"怎样做得更好"的创意，这种方法即便对不习惯创新性思维的个人也是适用的。

英国大文豪萧伯纳曾经说："倘若你有一个苹果，我也有一个苹果，而我们彼此交换这些苹果，那么，你和我仍然都只有一个苹果。但是，倘若你有一种思想，我也有一种思想，而我们彼此交流这种思想，那么，我们每个人将各有两种思想！"

发明创造的实践表明，真正有天赋的发明家，他们的创造思维能力是平常人所不及的。对于普通人，如果能相互激励，相互补充，引起他们思维"共振"，也会产生出许多闪光的创意或新方案，正如俗话所说："三个臭皮匠，顶个诸葛亮。"

创新，是企业的生命，企业领导者时刻都要记住这一点。